科学岛记忆

组织机构卷

邹士平 主编

中国科学技术大学出版社

内 容 简 介

本书为"科学岛记忆"系列图书首卷,依托档案材料挖掘科学岛建设的历程,内容包括科学岛历史沿革、科学岛科研的发展、科学岛精神的传承、科学岛文化的建设等,展现科学岛半个多世纪以来,在党的领导下,在艰苦环境下的奋斗历程及组织机构变化过程,以及在此过程中所形成的创新、求精、唯真、情坚的历史文化内涵,意在反映科学岛过去、现在与未来,弘扬科技报国、科技兴国的精神与情怀。

图书在版编目(CIP)数据

科学岛记忆.组织机构卷/邹士平主编.—合肥:中国科学技术大学出版社,2022.6
ISBN 978-7-312-02784-0

Ⅰ.科… Ⅱ.邹… Ⅲ.中国科学院合肥物质科学研究院—概况 Ⅳ.G322.21

中国版本图书馆CIP数据核字(2022)第076871号

科学岛记忆:组织机构卷
KEXUE DAO JIYI: ZUZHI JIGOU JUAN

出版	中国科学技术大学出版社
	安徽省合肥市金寨路96号,230026
	http://press.ustc.edu.cn
	http://zgkxjsdxcbs.tmall.com
印刷	合肥华苑印刷包装有限公司
发行	中国科学技术大学出版社
开本	787 mm×1092 mm
印张	24.5
字数	435千
版次	2022年6月第1版
印次	2022年6月第1次印刷
定价	258.00元

本书编写组

主　编　邹士平
副主编　申　飞　张　曙　储　慧
参编人员　肖　雪　甘　璐　林中凰　钱军秀

序

合肥西郊,蜀山北麓,董铺之滨,一岛璀璨。防洪蓄水,乃有此湖;因湖成岛,乃有此景。放眼一望,长堤卧碧湖之上,绿荫掩楼宇之间。群雀鸣晨,惊一树桂花;春鸭戏湖,开一岛新绿。湖山岛楼,相映相依,水天一色,勃然生机,如梦如画,如醉如痴。

科学立国,乃铸科学之岛;科技报国,始聚八方英才。首批志士,开荒垦岛,筚路蓝缕,播撒科学。学者迭代,恒念不移,科学精神,仰之弥高,抱朴守真,钻之弥坚。一砖一瓦,尽染学术气息;一草一木,挥发报国之志。建岛六十二年,科学主题凸显。院所林立于岛,精英荟萃于岛,学子萦绕于岛,成就辉煌于岛。

坚守,坚韧,坚定,科学岛塑造顽强品质;自省,自立,自强,科学岛练就自主胆略;求真,求实,求高,科学岛追求卓越精神。《科学岛记忆》,试图记录这个品质,传承这个胆略,发扬这个精神。

是为序。

二〇二一年九月

科学岛组织机构发展时间轴

合肥研究院时期 2001—2021

- 2014.8.27 应用技术研究所
- 2012.4.25 核能安全技术研究所
- 2010.5.13 医学物理与技术中心
- 2010.5.13 技术生物与农业工程研究所
- 2010.3.9 先进制造技术研究所
- 2008.4.30 强磁场科学中心
- 2001.11.12 合肥研究院

合肥分院时期 1978—2001

- 1982.3.19 固体物理研究所
- 1979.10.8 合肥智能机械研究所
- 1978.9.20 等离子体物理研究所
- 1978.4.29 合肥分院

安光所初期 1970—1978

- 1970.12.3 安徽光学精密机械研究所

董铺工程时期 1964—1970

- 1965.1.6 合肥董铺工程

◉ 现有机构
● 历史机构

科学岛示意图

1. 安光所
2. 合肥研究院办公楼
3. 固体所
4. 等离子体所
5. 智能所
6. 强磁场中心
7. 健康所
8. 核能安全所
9. 科技馆（一号别墅）
10. 三号别墅
11. 六号别墅

目　　录

序 ·· i

第一篇　科学岛概况 ··· 001
　　一、董铺水库 ·· 002
　　二、董铺岛 ·· 002
　　三、董铺宾馆 ·· 004
　　四、科学岛 ·· 007

第二篇　董铺工程时期（1964—1970） ····································· 011
　　一、国防部第六研究院进驻 ·· 012
　　二、中国科学院接管 ·· 013
　　三、划归国防科委 ·· 022

第三篇　安光所初期（1970—1978） ··· 029
　　一、安光所的建立 ·· 030
　　二、建设安光所工厂 ·· 040
　　三、建设受控站 ·· 052
　　四、建设支撑保障 ·· 058

第四篇　合肥分院时期（1978—2001） ····································· 063
　中国科学院合肥分院（1978—2001） ··· 065
　　一、1978年7月—1983年7月 ·· 078
　　二、1983年7月—1991年5月 ·· 084
　　三、1991年5月—1996年1月 ·· 091
　　四、1996年1月—2000年6月 ·· 093
　　五、2000年6月—2001年11月 ·· 095
　中国科学院安徽光学精密机械研究所（1979—2001） ························· 101
　　一、1979年4月—1983年5月 ·· 102

v

二、1983年5月—1987年3月 …… 106
三、1987年3月—1991年8月 …… 108
四、1991年8月—1995年12月 …… 112
五、1995年12月—2000年5月 …… 113
六、2000年5月—2001年11月 …… 115

中国科学院等离子体物理研究所(1978—2001) …… 117
一、1978年2月—1983年5月 …… 118
二、1983年5月—1986年10月 …… 124
三、1986年10月—1991年2月 …… 128
四、1991年2月—1995年12月 …… 130
五、1995年12月—2000年5月 …… 132
六、2000年5月—2001年11月 …… 136

中国科学院合肥智能机械研究所(1979—2004) …… 139
一、1979年10月—1983年8月 …… 140
二、1983年8月—1987年1月 …… 145
三、1987年1月—1991年3月 …… 147
四、1991年3月—1994年3月 …… 151
五、1994年3月—1999年5月 …… 153
六、1999年5月—2004年4月 …… 156

中国科学院固体物理研究所(1978—2001) …… 159
一、1978年9月—1986年10月 …… 160
二、1986年10月—1991年1月 …… 172
三、1991年1月—1995年3月 …… 174
四、1995年3月—2000年1月 …… 176
五、2000年1月—2001年11月 …… 178

第五篇 合肥研究院时期(2001—2021) …… 181

2001—2005 …… 193
一、领导班子(2001年11月—2005年1月) …… 194
二、科研单元 …… 202
三、职能部门 …… 206
四、支撑部门 …… 210

五、合作与成果转化 ……………………………………………………… 213
2005—2009 ……………………………………………………………………… 215
　　一、领导班子(2005年1月—2009年3月) …………………………… 216
　　二、科研单元 ……………………………………………………………… 224
　　三、职能部门 ……………………………………………………………… 243
　　四、支撑部门 ……………………………………………………………… 248
　　五、合作与成果转化 ……………………………………………………… 249
2009—2014 ……………………………………………………………………… 257
　　一、领导班子(2009年3月—2014年3月) …………………………… 258
　　二、科研单元 ……………………………………………………………… 260
　　三、职能部门 ……………………………………………………………… 281
　　四、支撑部门 ……………………………………………………………… 286
　　五、合作与成果转化 ……………………………………………………… 288
2014—2019 ……………………………………………………………………… 299
　　一、领导班子(2014年3月—2019年10月) ………………………… 300
　　二、科研单元 ……………………………………………………………… 306
　　三、职能部门 ……………………………………………………………… 330
　　四、支撑部门 ……………………………………………………………… 337
　　五、合作与成果转化 ……………………………………………………… 338
2019—2021 ……………………………………………………………………… 345
　　一、领导班子(2019年10月—2021年11月) ……………………… 346
　　二、科研单元 ……………………………………………………………… 349
　　三、职能部门 ……………………………………………………………… 360
　　四、支撑部门与直属机构 ………………………………………………… 364
　　五、合作与成果转化 ……………………………………………………… 366
　　六、代表性产业化公司 …………………………………………………… 370
结语 ……………………………………………………………………………… 376
后记 ……………………………………………………………………………… 377

第一篇 科学岛概况

一、董铺水库

董铺水库位于安徽省合肥市西区,大蜀山北侧,是20世纪50年代合肥市修建的一座抗洪防涝的大型水库。由总工程师王祖烈和苏联专家索洛诺维奇指导、勘测、设计,于1956年11月开工,1958年初步建成蓄水,前前后后修建、补建到1981年才正式竣工。董铺水库为合肥市防洪、供水、灌溉兼顾的综合性水库,汇水面积207.5平方千米,坝顶标高35.8米,总库容2.42亿立方米,溢洪道标高29米,控制运用水位27.5米,百年一遇水位30.6米,千年一遇水位31.5米,最大暴水的相应水位可达到34.5米。

20世纪80年代的蜀山湖跨湖公路

二、董铺岛

董铺水库蓄水后,形成了一个由西北向东南斜向伸入董铺水库的长条形的半岛,称作"董铺岛"。董铺岛长约3.5千米,宽约1.5千米(平均),全岛面积1.65平方千米(30米标高线以上),呈鱼脊背形,中间高约36米,两边低,高程相差6—8米。董铺岛当时属于肥西县园陵公社水库大队管辖。

1982年航拍的合肥董铺岛

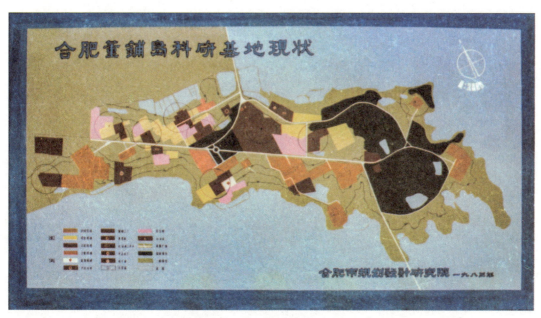

合肥市规划设计研究院1985年绘制的董铺岛科研基地（胡海临 供）[①]

---

① 注：书中未标记出处的照片均由中国科学院合肥研究院档案馆提供。

三、董铺宾馆

　　1959年,安徽省委决定在董铺岛建设一座高级宾馆,作为会议接待用。1960年春开始建设;1961年停建,改建省委农场;1962年省委农场停建。董铺宾馆停建时,已建成的建筑物有一号楼[时称"一号宾馆",今中国科学院安徽光学精密机械研究所(以下简称"安光所")主楼]、二号楼(时称"二号宾馆",今合肥研究院办公楼)、三号楼[时称"三号宾馆",今中国科学院固体物理研究所(以下简称"固体所")主楼]、四号楼[时称"四号宾馆",今中国科学院等离子体物理研究所(以下简称"等离子体所")主楼]、一号别墅(位于董铺岛最东端,今合肥现代科技馆)、三号别墅(紧邻一号别墅,今安光所实验室)、六号别墅(位于一号楼南侧,今安光所实验室)。这些建筑物构成了董铺岛的基本风貌。

　　从建岛开始,直至1985年,北大门是通往岛外的唯一交通要道,从岛上去市区很不方便。1978年10月7日,根据有关专家对合肥科研教育基地的总体规划,合肥分院向中国科学院(以下简称"中科院""科学院")报告,希望在董铺水库中岛[当年中国科学技术大学(以下简称"中国科大""中科大")拟迁地,南大坝以东]和西岛[当年中科院合肥分院(以下简称"合肥分院")所在地,即董铺岛]的湖面用土坝加桥涵连通建成公路,作为合肥分院和中国科大的主干道,该路通过中国科大中心直达市内。建成后可将路程缩短7千米,同时有助于加强中国科大和合肥分院之间的所系结合、业务交流。10月24日,中科院同意修建该公路。

建设中的南大坝工地

1979年12月29日,中科院下达《关于建设桥坝的批复》,同意投资200万元,建设董铺岛通往大蜀山桥坝道路工程。

1981年4月,蜀山湖大桥举行开工典礼。1982年12月建成,实现了蜀山湖上一桥飞架南北。

中科院同意修建公路

中科院同意修建桥坝

1981年4月，中科院副院长华罗庚（站立讲话者）出席蜀山湖大桥奠基典礼

蜀山湖大桥通车典礼

四、科学岛

1986年12月,合肥分院《科学岛》报试刊。"科学岛"概念开始在宣传中使用。1998年9月24日,江泽民总书记视察等离子体所,并欣然题词"科学岛"。此后,"科学岛"作为地名,迅速在社会上传播开来并得到广泛认同,"董铺岛"逐渐淡出人们的视野。

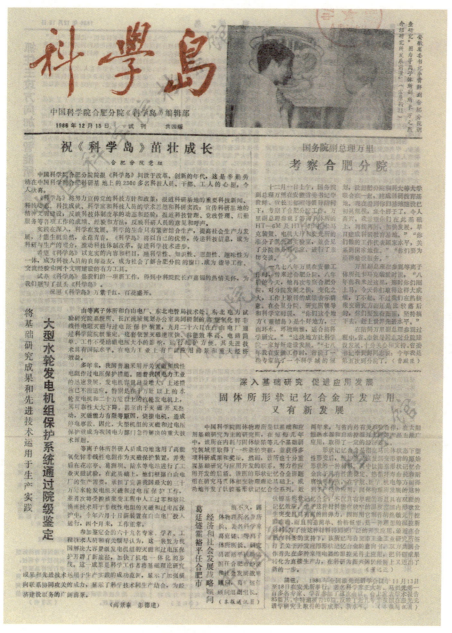

1986年《科学岛》报试刊号

1998年9月24日,江泽民总书记视察科学岛并题写"科学岛"

曾经的北大门进岛照壁

第二篇 董铺工程时期
（1964—1970）

一、国防部第六研究院进驻

1964年5月15日,中华人民共和国计划委员会(以下简称"国家计委")批文:"同意将安徽省合肥董铺宾馆停建工程及该工程原有的器材、设备等固定资产拨交给国防部第六(航空)研究院第30所继续建成使用。"①董铺宾馆停建工程及其原有的一切资产作固定资产无偿移交给国防部第六研究院,国防部第六研究院不宜接收的东西,由省里另行处理,原董铺工作人员视需要一并调动。5月22日,在安徽省人民委员会领导下成立了"董铺停建工程交接委员会",办理交接事宜。截至9月16日,圆满顺利地交接完毕。安徽省委书记、副省长张恺帆,国防部第六研究院院长唐延杰中将,安徽省委副秘书长张浩,安徽省人民委员会副秘书长潘效安,国防部第六研究院第30研究所所长蒋天然在交接报告上签章认可。

移交清单表明,当时董铺岛已完成基本建设,投资额107万元,含董铺宾馆建筑物、各种设备及电话线路;未完成基本建设投资额916万元,含建筑工程、绿化、土地征用;原有工程器材287.8万元,含各种设备、土建材料、家具、日用品等;七条公路投资额合计98.9万元,包括只完成土方部分;全长15千米供电线路,投资10.85万元;园艺场,投资16.78万元,其中含"国家基金"16.09万元。

(a) (b)

安徽省合肥董铺宾馆停建工程交接报告

---

① 注:国防部第六(航空)研究院第30所全称为国防部第六研究院第三十研究所,即仪表特设研究所。

董铺宾馆（省委农场）当时移交给国防部第六研究院的设备和固定资产清单如下图所示。

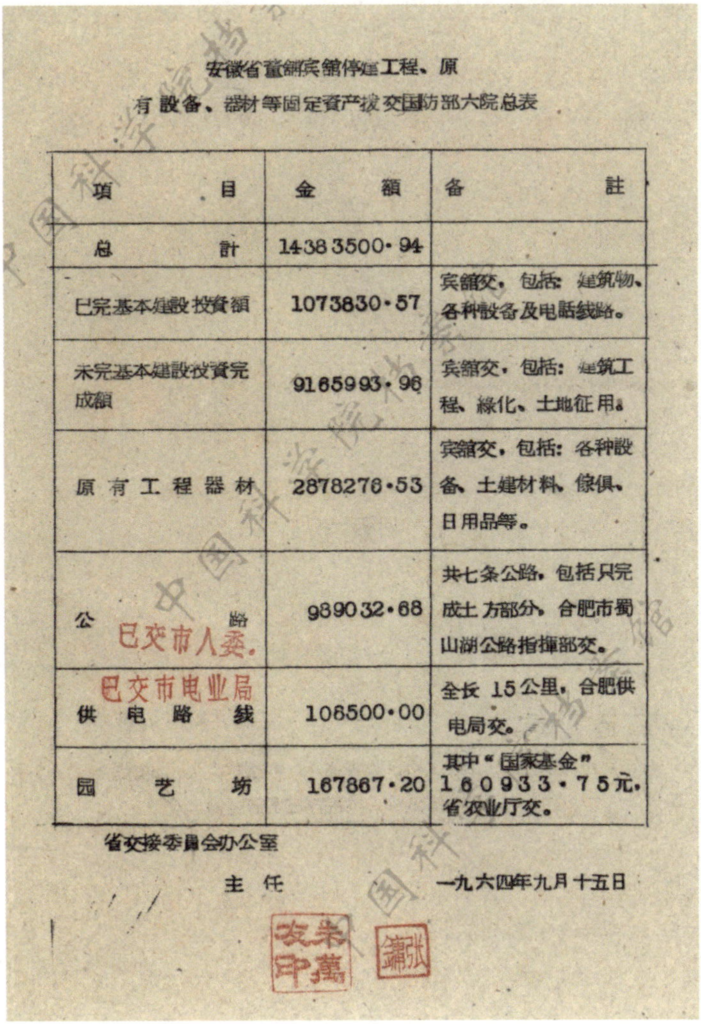
安徽省董舖宾舘停建工程、原
有設备、器材等固定資产拨交国防部六院总表

項目	金額	备註
总計	14383500·94	
已完基本建設投資額	1073830·57	宾舘交，包括：建筑物、各种設备及电話綫路。
未完基本建設投資完成額	9165993·96	宾舘交，包括：建筑工程、綠化、土地征用。
原有工程器材	2878276·53	宾舘交，包括：各种設备、土建材料、傢俱、日用品等。
公路 已交市人委。	989032·68	共七条公路，包括只完成土方部分。合肥市蜀山湖公路指揮部交。
已交市电业局 供电路线	106500·00	全長15公里，合肥供电局交。
园艺坊	167867·20	其中“国家基金”160933·75元。省农业厅交。

省交接委員会办公室

主任　　　　　　一九六四年九月十五日

固定资产拨交总表

随后，国防部第六研究院第30研究所（总字931部队）在所长蒋天然带领下进驻董铺岛，准备建一个聚焦航空非金属材料、航空氧气仪表、航空降落伞研制的研究所，并兼办一个1200人的航空工业专科学校。

二、中国科学院接管

1965年1月1日，国防部第六研究院整建制转隶第三机械工业部（以下简称“三机部”），1月6日，三机部明电安徽省委、中科院，同意将董铺岛交由中科院使用。

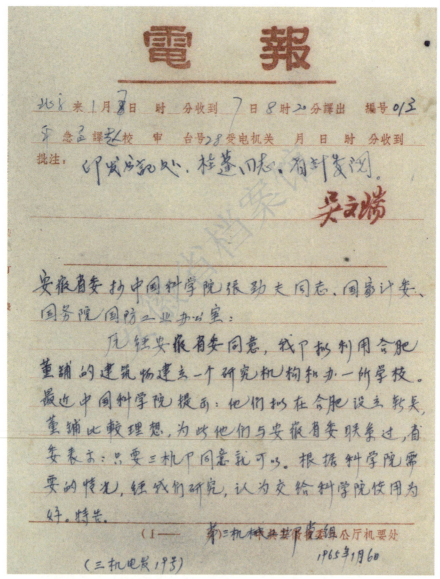

安徽省委抄中科院张劲夫同志、国家计委、国务院国防工业办公室电报

该电报原文如下:
安徽省委抄中国科学院张劲夫同志、国家计委、国务院国防工业办公室:

  原经安徽省委同意,我部拟利用合肥董铺的建筑物建立一个研究机构和办一所学校。最近中国科学院提出:他们拟在合肥设立新点,董铺比较理想,为此他们与安徽省委联系过,省委表示:只要三机部同意就可以。根据科学院需要的情况,经我们研究,认为交给科学院使用较好。特告。

第三机械工业部党组
1965年1月6日

这份电报有两个标志性意义：一是中科院开始正式进驻董铺岛；二是六五一六工程名称起源于该电报日期。

张劲夫　安徽肥东人(1914—2015)。历任中国科学院党组书记、副院长，国家科学技术委员会副主任，财政部党组书记、部长，国务院财经委员会委员、副秘书长，安徽省委第一书记、省长、省军区第一政委，国务委员，国家经委党组书记、主任，中央财经领导小组成员、秘书长，中国共产党中央顾问委员会常委等职。

20世纪60年代中期，时任中国科学院党组书记的张劲夫同志，力主将董铺岛划拨给中国科学院，作为激光技术研究基地。

三机部六院将接收的原董铺停建工程及其一切资产，全部转移给中国科学院，供建立新的科研机构使用。原接收董铺管理处人员23人和附属编制80人的园艺场一并移交。

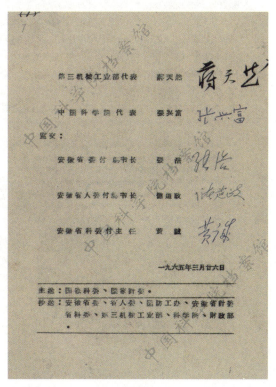

(a)　　　　　　　　　　(b)

接收人员表

蒋天然 安徽无为人(1918—2002)。1937年参加革命。曾任东北野战军炮兵司令部技术部部长，中央军委航空局航空处处长、华东军区航空处处长(正军建制)、华东军区空军司令部(正兵团建制)参谋长、空军第30研究所所长等职务。作为董铺工程筹委会主任(也是科学岛最早的领导人)，蒋天然同志克服重重困难，先后从北京、上海及全国各地选调各类科技人才，又从南京军区空军引进一批从事飞机机械维修的复转军人，快速建立了一支科技队伍。

关于安徽省合肥董铺停建工程交接报告

三机部部长刘杰、中科院党组书记兼副院长张劲夫同志在交接报告上签字。三机部党组指定蒋天然为移交代表，中科院党组指定张兴富为接收代表，安徽省委指定张浩、储道政、黄诚监交。

值得一提的是，蒋天然同志作为国防部六院代表，他从安徽省接收了董铺岛；后来，他又作为移交方代表，将董铺岛移交给了中国科学院。他本人也一并被"移交"给了中科院，担任中国科学院董铺工程筹委会主任。

1965年2月19日,中科院党组批准《中科院合肥董铺工程筹建委员会组织方案和有关董铺工程人员、资产交接意见》,决定中科院参加筹委会人员为:蒋天然、李明哲、林心贤、刘曙、宋政、张兴富、唐若愚,建议由蒋天然同志任主任,李明哲(上海光机所所长)、林心贤(电工所所长)同志任副主任。这个工程筹建委员会是个临时机构,人员由中科院、安徽省人委、省委组织部、省科委、省建设厅、合肥市人委、中科院华东自动化所、中科院光机所上海分所和中科院电工所所派人员组成。接受中科院党组、安徽省委和省人委双重领导,下设工程现场指挥部、主任办公室、组织处,指挥部下设政治处、行政办公室和施工、器材等部门。

该文件首次就党组织建设问题提到"筹委会建立领导小组,三至五人或五至七人组成,施工队伍应有一至二名党的领导干部参加。建立党总支,管理基层党的工作,并设专职人员二人做政治思想工作""筹委会党的领导小组,直属中国科学院党组领导,并受省委双重领导。一般党的政治生活和政治思想工作,以及基层党的组织关系,均在省委领导下,由省委组织部门统管"。

中科院有关合肥董铺工程人员、资产交接的批复

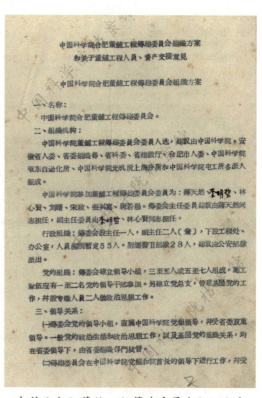

中科院合肥董铺工程筹建委员会组织方案

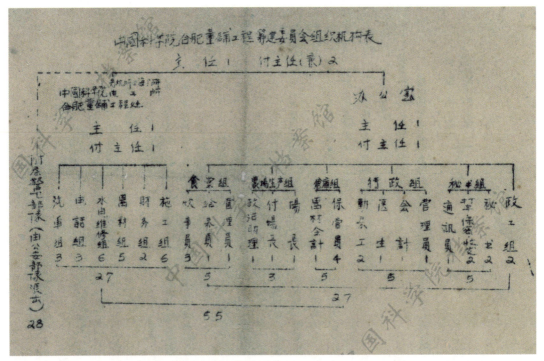

中国科学院合肥董铺工程筹建委员会组织机构表

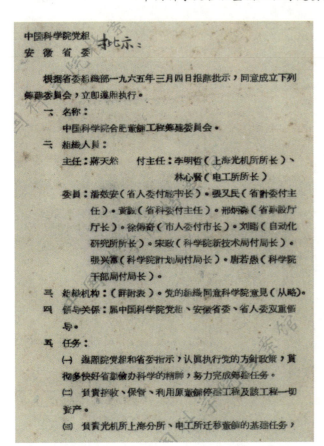

1965年3月5日,中科院党组、安徽省委批示同意:成立中国科学院合肥董铺工程筹建委员会,任命蒋天然为主任,李明哲(上海光机所所长)、林心贤(电工所所长)为副主任,委员:潘效安(省人委副秘书长)、张又民(省计委副主任)、黄诚(省科委副主任)、邢炳森(省建设厅厅长)、徐传奇(市人委副市长)、刘曙(自动化研究所所长)、宋政(科学院新技术局副局长)、张兴富(科学院计划局副局长)、唐若愚(科学院干部局副局长)。

1965年3月5日,中国科学院合肥董铺工程筹委会成立

1965年9月22日,中科院政治部与安徽省委组织部商定,董铺工程筹委会领导干部任命可不报中央,经中科院党委和安徽省委共同协商确定后由中科院任命;处级干部请省委组织部管理和任命;科以下干部由筹委会自行管理。

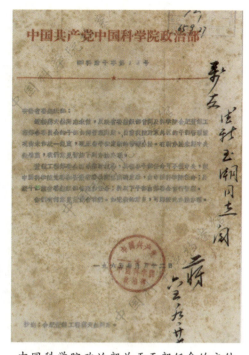

中国科学院政治部关于干部任命的文件

1965年9月25日,合肥董铺工程筹建委员会党总支向安徽省委组织部请示,决定成立董铺工程筹建机关委员会,由蒋天然、朱万友、杨开泰、王官柳、武玉潮5位同志组成。由蒋天然同志兼任书记,朱万友同志兼任副书记,杨开泰、王官柳、武玉潮同志为委员。

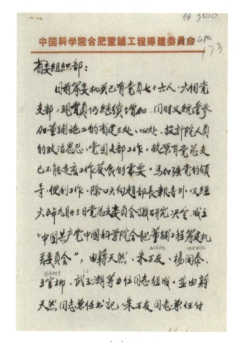 

(a) (b)

中国科学院合肥董铺工程筹建委员会党总支向安徽省委组织部的请示信件

1966年1月10日,中科院通知:自1966年1月起,"中国科学院董铺工程"的名称,用代号"中国科学院六五一六工程"代替。

关于光机所上海分所、合肥董铺工程使用代号的通知

1966年5月30日,中共中国科学院委员会明文规定,在合肥的中科院各单位(包括筹委会),党的工作和政治工作受中科院华东分院政治部和地方党委双重领导,并以地方党委领导为主。

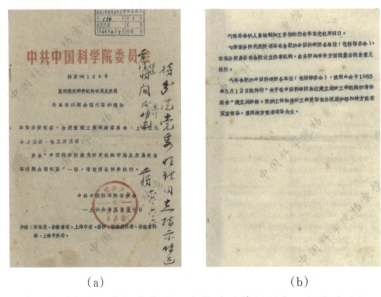

(a)　　　　　　　　　(b)

关于发送激光研究机构布局及隶属关系等问题会议纪要的通知

1966年5月19日,共青团安徽省委批复:成立共青团中国科学院合肥董铺工程筹委机关委员会,直属团省委领导,李生宝同志任团委副书记。

同年9月20日,安徽省科学技术委员会党组向省委组织部请示成立董铺工程筹委会临时党的领导小组,由冯怀珍、朱万友、徐亚球、郑重、唐九奎5位同志组成,冯怀珍同志任组长,朱万友、徐亚球同志任副组长。

(a)

(b)

关于成立合肥董铺工程筹委会团、党组织的文件

1968年2月18日,安徽省军管会同意成立中科院六五一六工程革命委员会。委员会由宋国铭、何志明、段振堂、郑重、李登祥、崔世珍、邢中华、刘化元、席时全、李若非、王光富11位同志组成。宋国铭同志为主任委员,何志明同志为副主任委员。

(a)

(b)

关于中国科学院六五一六工程成立革命委员会的批复

三、划归国防科委

1968年4月,六五一六工程划归国防科委第十五研究院激光研究所,代号为中国人民解放军总字825部队六五一六工程。

1969年6月25日,安徽省革命委员会批复:同意总字825部队六五一六工程革委会成立中国共产党六五一六工程委员会,委员会由万念明、宋国铭、何志明、薛希庭、崔世珍、郑重、李登祥7位同志组成,万念明同志任书记,宋国铭同志任副书记。

(a)　　　　　　　　　　　　(b)

关于对"六五一六工程建立党委的报告"的批复

1969年9月5日,六五一六工程革委会主任、党委副书记宋国铭同志因军队建设需要,调回十二军独立一师。9月10日,安徽省革命委员会免去宋国铭同志六五一六工程革委会主任职务,同意李德高同志为六五一六工程革委会主任。

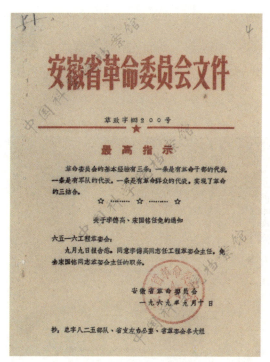

关于李德高、宋国铭任免的通知

1969年11月6日,安徽省革命委员会政治工作组批复:同意增补李德高同志为六五一六工程党委成员,任党委副书记。

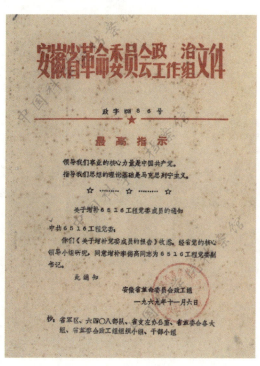

关于增补六五一六工程党委成员的通知

到1969年底,六五一六工程在董铺岛建成了一个储能达2×10^8焦耳的大型储能电感装置(又称"8号电感",编者注),主要为激光实验提供电源。8号电感是当时国内唯一、世界上很少有的大型设备,为受控热核聚变实验研究奠定了条件。

建设中的8号电感装置

建成的8号电感装置(周发根 摄)

第二篇 董铺工程时期(1964—1970)

科学岛记忆 组织机构卷

(a)

(b)

(c)

董铺工程时期工作证及
出入证（安光所 供）

第二篇 董铺工程时期(1964—1970)

北京电工所合肥分部802组参加8号电感储能工作的同志(1969年)
(前排左起:彭世万、刘桂荣、林良真、陈浩树、陈步东)
(后排左起:郭增基、李谟祥、叶祖湘、林玉宝、张永、许家治、刘同福、刘福国、徐其铭)

第三篇　安光所初期
（1970—1978）

一、安光所的建立

（一）1970—1974 年

1970年9月5日，中国人民解放军总字八二五部队六五一六工程向安徽省革命委员会报送《关于建立"中国科学院安徽光学精密机械研究所"的报告》。

报告指出：建立安光所的目的是"以激光研制为主，进行大、中、小型功率与能量的激光装置的研制，同时开展并逐步扩大电工技术、电子技术和光学技术的研制"。报告提出了4个方面的任务，其中指出："大功率激光装置在可控热核反应方面的应用要积极探索和研制。"

1970年12月3日，安徽省革命委员会批复：正式成立中国科学院安徽光学精密机械研究所。

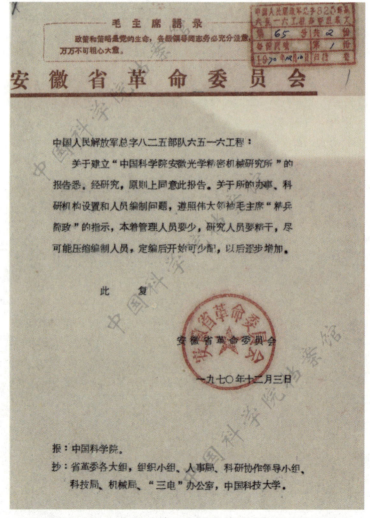

1970年12月3日，中国科学院安徽光学精密机械研究所成立

20世纪70年代的一号楼（安光所 供）

安光所成立后，为了加强科研、后勤保障，着力进行基本建设。在1971年的安光所科研、行政经费预算报告里（1970年11月19日编），在其他费用中有"食堂、小学、幼儿园开办费和职工医院增添病床所需款15000元"等相关内容，表明当时学校、幼儿园和职工医院的建设已经进入了实质性的实施阶段。

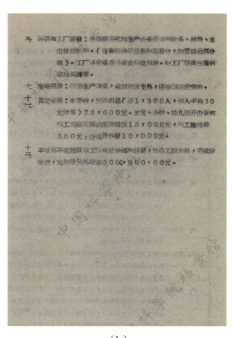

（a）　　　　　　　　　　　（b）

中国科学院安光所1971年科研、行政经费预算

安光所成立后,党委班子依然是六五一六工程党委原班人马。1971年7月,安光所召开党员代表大会,改选了党委(改选后的党委,在会议记录里被称为"安光所第二届党委",综合前后文献资料,应是安光所第一届党委)。张贵书、张树逊、何志明、范循华、薛希庭、朱万友、孙明、李登祥、张钧、孙道宏、陈德新、秦玉英、杨云芬、张福寿、孟惠萍、娄金龙16位同志当选为党委委员。会议选举张贵书同志为党委书记,张树逊和何志明同志为副书记,张贵书、张树逊、范循华、何志明、李登祥、朱万友、娄金龙、孟惠萍8位同志为党委常务委员。

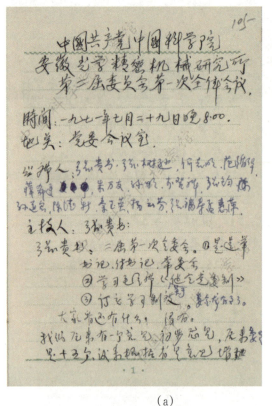 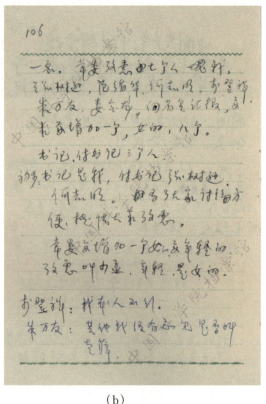

(a) (b)

中国共产党中国科学院安徽光学精密机械研究所第二届委员会第一次全体会议

1971年安光所党委工作总结报告中指出,所党委成立后,加强了党建工作,先后成立了工厂党委、办事组总支和16个党支部。本着老、中、青相结合的原则,在改选和成立党的领导机构时,挑选了一批比较好的党员进入新的领导班子,提拔的这批干部绝大多数都是朝气蓬勃、积极肯干的,在工作中发挥了很好的作用。

为了适应科研、生产的需要,本届党委班子在原来的基础上,对各级组织机构进行了调整充实。按照军、干、群相结合的原则,配备了干部,保证了各项工作的顺利进行。全所由1970年的400多人发展到800多人,这是科学岛队伍增长幅度最大的一年。科技队伍由以前的几十个人发展到175人,相应增加了众多的科研设备,科研工作得到了进一步的发展,先后成功研制了大功率红宝石激光器一台、实现了2000瓦的磁流体发电和输出功率为20瓦的CO_2激光器等。为了民生和未来发展的需要,还兴办了子弟小学和幼儿园。

报告分析了党委工作存在的一些主要问题,这对于我们今天的党的工作也有比较好的借鉴和指导意义。

(a) (b)

安光所党委1971年工作总结

关于安光所增补革委会成员和设常委的报告批复

1971年11月19日,安徽省委常委会研究同意:张贵书同志任安光所革委会主任,张树逊、范循华同志任副主任,朱万友、李登祥、崔世珍、王正楠同志任革委会常委,刘厚祥同志任革委会委员。

1972年冬,安光所活学活用毛泽东思想积极分子、四好单位、五好个人代表合影

根据1972年安光所革委会会议记录,当时安光所革委会班子成员有张贵书、张树逊、何志明、范循华、朱万友、李登祥、崔世珍、王正楠、刘厚祥、段振堂、

李若非、刘化元、邢中华、郑重、席时权、王光富16位同志。其中张贵书、张树逊、何志明、范循华、王正楠、李登祥、崔世珍7位同志为常务委员。

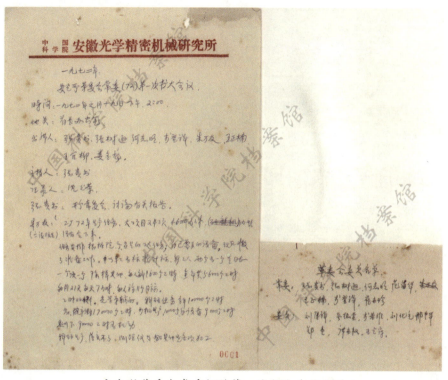

安光所革委会常委(72)第一次扩大会议记录

1973年3月22日,安徽省革命委员会生产指挥组正式批复:成立共青团安徽省安光所第一届委员会,同意由王念民等13位同志组成共青团安徽省安光所第一届委员会。王念民同志兼任共青团安徽省安光所第一届委员会书记,孟惠萍(女)、李坚(不脱产)同志任副书记。

关于召开共青团安徽安光所首次团代会的决定

关于共青团安徽安光所第一届委员会成员的批复

（二）1974—1977年

1974年2月3日，安徽省革命委员会政治工作组决定：李锐同志任中国科学院安徽光学精密机械研究所党委副书记、革委会主任，凌汉如同志任党委副书记、革委会副主任，张西春同志任党委常委、革委会副主任。

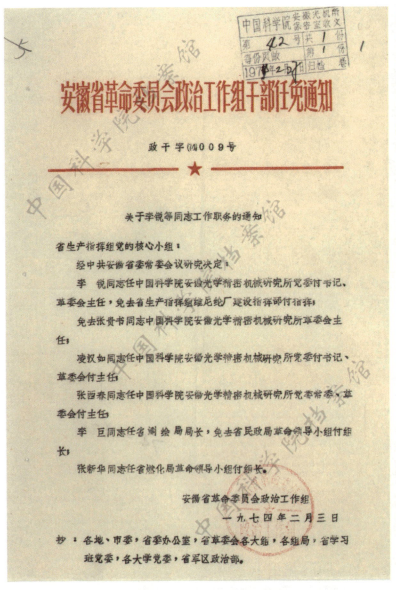

关于李锐等同志工作职务的通知

科研新兵(摄于1974年2月16日)
(第一排左起：王永清、吴君门、顾继座、杨道文、黄友祥)
(第二排左起：吕本风、高成云、杨旭征、赵晓阳、张家玉、染向阳、沈华)
(第三排左起：张淮贤、彭奎、李向群、王大抗、段泽民、郑光华)

第三篇 安光所初期（1970—1978）

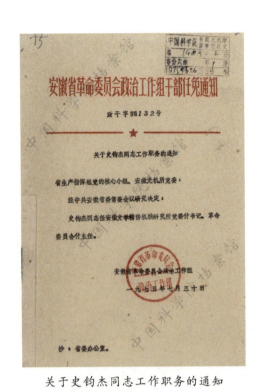

1975年7月30日，安徽省革命委员会政治工作组决定：史钧杰同志任安光所党委副书记、革委会副主任。

关于史钧杰同志工作职务的通知

据1976年安光所行政、业务管理干部花名册记载，其时安光所党委班子由以下人员组成：李锐同志任党委书记，凌汉如、何志明、史钧杰3位同志任党委副书记，张西春、张载民、张军、孟惠萍、李登祥、张福寿、陈德新、孙明、薛希庭、杨云芬10位同志任党委委员。革委会班子成员是：李锐同志任主任，凌汉如、何志明、史钧杰、张西春4位同志任副主任，李登祥、刘化元、邢中华、席时权、李若非、崔世珍、王光富7位同志任委员。

行政、业务管理干部花名册

（三）1977—1978年

1977年3月21日，安徽省委组织部决定：李益三同志任安光所党委书记，免去李锐同志安光所党委书记、革委会主任职务，免去张西春同志安光所党委常委、革委会副主任职务。

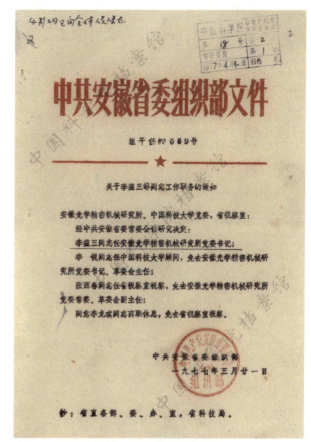

关于李益三等同志工作职务的通知

1977年12月13日，安徽省委组织部决定：阎长久（应为闫长久，下同）同志任安光所党委副书记、革委会副主任。

关于阎长久同志工作职务的通知

二、建设安光所工厂

1965年1月6日，三机部正式把董铺岛移交给中国科学院后，根据中科院党组和安徽省委的批示，中科院合肥董铺工程筹建委员会的任务之一就是负责中科院安光所上海分所、中科院电工所迁移董铺的基建工程，以及两所迁移过程中的管理工作。

由于安光所和电工所科研内容涉及大能量激光、电感储能、磁流体发电、超导线圈储能等，实验装置都是大型装置，因此两个所在研究、试制、加工等方面都需要一个大型加工工厂，在中科院和安徽省的支持下，1965年3月，董铺工程筹建委员会决定将尚未建成的原董铺宾馆礼堂改建为500~800人的实验工厂，利用面积约9000余平方米，包括机械、光学、电学等车间，并于当年5月开始动工。设计工作由中科院计划局交国家建筑工程部设计局负责，初步包括电子学车间、玻璃工车间、机械车间、光学车间、装校车间等。

委托设计项目表

工程项目		建筑面积	总投资额	说明
上海及合肥	总计	36754	563	
一、合肥	小计	28054	481	
1. 低温站		1200	41	投资中包括设备
2. 乙炔站		780	31	"
3. 煤气站			42	"
4. 大气站		750	13	
5. 中心试验站		3500	64	
6. 电子学车间		1000	11	
7. 玻璃工车间		450	7	局部要求冷风降温
8. 机械车间		5500	63	5平米恒温箱温.146间
9. 光学车间		3000	45	500平米恒温间400
10. 装校车间		2000	30	
11. 激发光泥室		878	5	
12. 电感储能室		7000	84	
13. 光谱试验室		1000	25	局部要求空调恒温恒湿
14. 同位素及超纯室		996	20	
二、上海	小计	8700	82	
1. 上海科技大学用房		5000	55	
2. 九机部上海分所用房		3700	27	

委托设计项目表

1966年1月，中科院决定用"中国科学院六五一六工程"代替"中国科学院董铺工程"的名称。

1966年3月,中科院分别致信总参动员部和空军司令部,提出为加快合肥激光研究基地(代号六五一六工程)试制工厂和科研机构建设,拟在空军吸收转业技术干部、政治干部共200名,由空军和其他兵种的修理工厂分配给六五一六工程800名技工复员兵,其编制由中科院划拨。

1968年4月,六五一六工程由国防科委接管,隶属国防部第十五研究院,更名为中国人民解放军总字825部队六五一六工程。

截至1970年6月30日,六五一六工程工厂完成了大部分建设目标,各厂房已完成生产类型划分,形成了生产能力(见下表)。

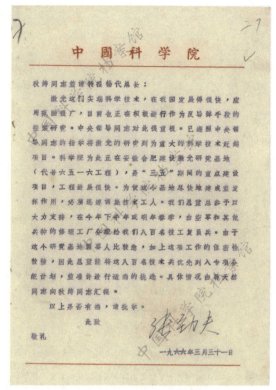

中科院致总参动员部和空军司令部的信

工厂基本建设项目表(根据档案资料编制)

工程代号	项目名称	面积(平方米)
一号厂房	机加及计量	8608
二号厂房	大机加、机修	1122
三、四号厂房	光学、装配	4836
六号厂房	铸造	788
七号厂房	锻压	494
八号厂房	表面、热处理	1159
九号厂房	木模	302
十号厂房	冷冻站	144
十一号厂房	锅炉、热力站	367
十九号厂房	粗磨	975
电工所一号厂房	机加	1065
	试制工厂	1005
	联合车间	495
	锅炉房(原电工所工厂区)	116
	锅炉房(3-2室用)	77

1970年12月3日,在六五一六工程基础上成立了中科院安光所,六五一六工程工厂成为安光所所属工厂。

1971年9月,安光所党委成立了工厂政工组、生产组和行政组。将下属车间人员编为一连、二连、三连、四连,实行半军事化管理。

到1972年,安光所工厂共有477人,其中技术工人122人,学徒工301人,干部(包括以工代干、技术人员、新大学生)54人;厂房面积21000平方米;车间组成:机加车间、机修动力车间、联合车间、光学车间;各种设备共计378台。

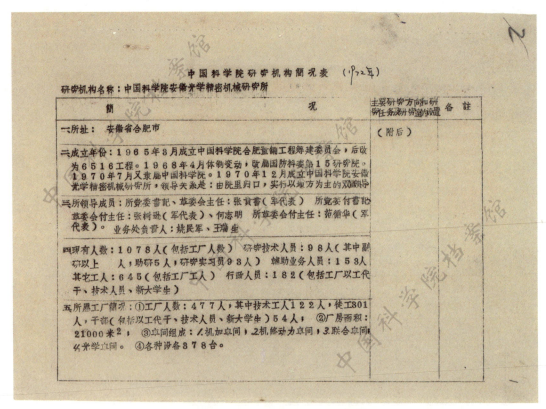

中科院研究机构简况表(1972年)

1973年6月,安光所明确了工厂的机构设置:人员编制700人,管理部门分为办公室、政工科、总务科、生产科、技术检验科、器材科、设备动力科7个科室;生产部门分为:一车间、二车间、三车间、四车间、五车间。截至同年9月,工厂实有人数为550余人。

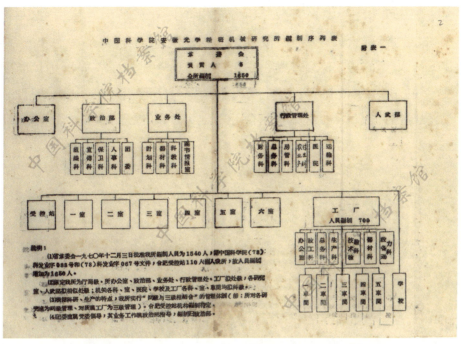

中国科学院安徽光学精密机械研究所编制序列表

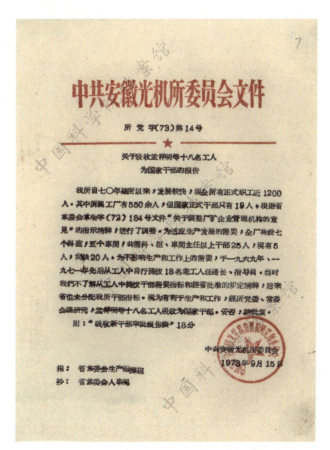

关于吸收孟祥明等十八名工人为国家干部的报告

1976年2月28日,安光所政工组同意以工厂动力科为主体,将二车间工具班、电维班、维修班、大修班合并,成立工厂六车间。

1976年3月20日,安徽省委组织部决定:刘贤同志任安光所工厂党委副书记、革委会主任。1976年安光所行政、业务管理干部花名册记载,邵世举同志任工厂党委副书记、革委会副主任,薛希庭、卢国琛、兰玉庆任党委委员、革委会副主任。

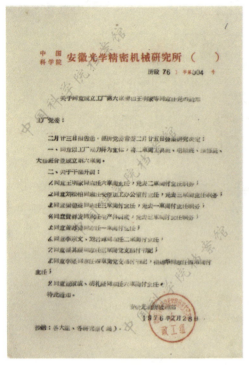

关于同意成立工厂第六车间和王明家等
同志任免的通知

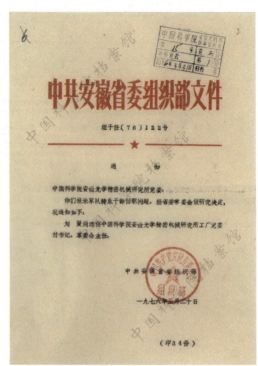

关于安光所工厂党委副书记、革委会书记的
任职通知

安光所工厂行政、业务管理干部花名册

1977年3月21日,安徽省委组织部决定:严镇宇同志任安光所党委常委、工厂党委书记。

1979年7月12日,安光所党委同意撤销工厂政工科,改设党委办公室、人事保卫科;原技术检验科分设为技术科、质量管理科;工厂办公室改为行政科;工厂其他部门和6个车间设置不变。

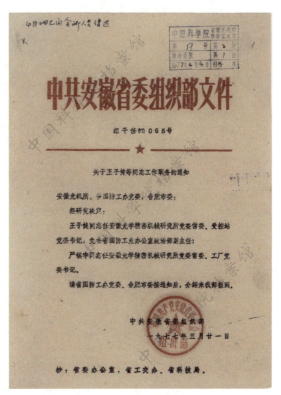

关于王子健等同志工作职务的通知

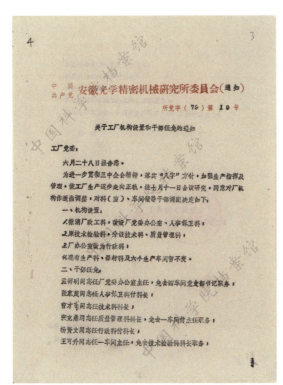

(a)

(b)

关于工厂机构设置和干部任免的通知

1979年12月25日,合肥分院临时党委决定:张钧同志任安光所工厂副厂长。

1980年1月7日,安徽省委组织部同意:王清正同志任安光所工厂党委书记。1月26日,合肥分院临时党委批准:兰玉庆同志任安光所工厂副厂长。

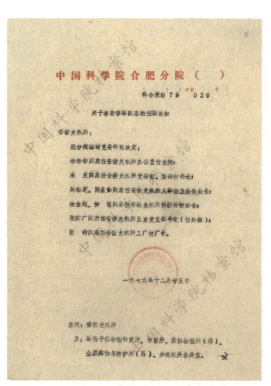

关于李若非等同志的任职通知

关于王清正等同志工作职务的通知

关于石仓等同志任职的通知

1981年4月25日,安光所党委决定将工厂党的领导体制由原来的党委改为党的总支委员会。至该年底,安光所工厂管理部门包括厂部、办公室、政工科、生产科、技术科、检验科;共有机加车间(2个)、电镀车间、光学车间、电学车间、机修车间、激光器车间7个车间。4月27日,安光所党委决定:高瑞云同志任工厂党总支书记。

关于改变工厂党的领导体制报告

关于高瑞云等同志任免职务的通知

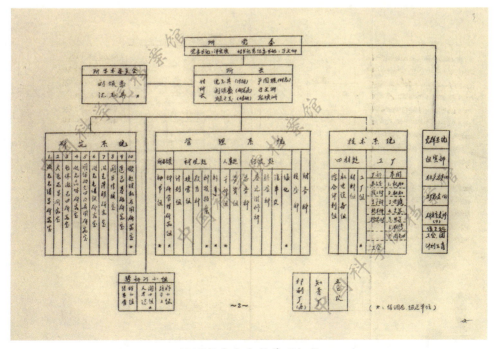

1981年底安光所管理机构

1983年工厂机构设置为厂部办公室、工程师室、生产科、供销科、检验科、工会、党总支、机加工一车间、机加工二车间、表面热处理车间、光学加工车间、电学加工车间、机修车间、中试车间。

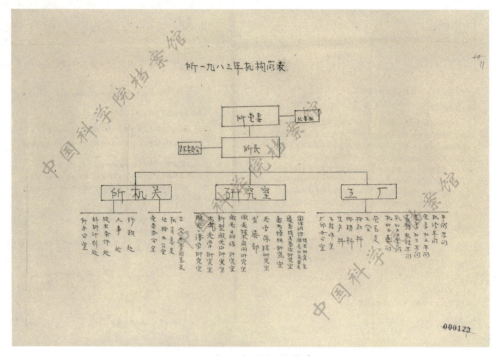

1983年安光所机构简表

1984年2月6日，安光所党委对工厂机关科室和各车间负责人进行了调整任命，从中可以看出工厂机构设置如下：管理部门有党委办公室（工厂党的领导机构从党总支变更为党委）、厂办公室、工程师办公室、生产科、质量管理科、供销科、厂工会；生产部门有机加车间、热加工车间、光学车间、电学车间、机电维修车间、中试车间。

1985年6月10日，杨熙承同志任工厂厂长，徐恺任厂党委书记兼副厂长，李宗文任副厂长。当年工厂共有员工468人[1]。

---

[1] 资料来源：安光所1985年大事记。

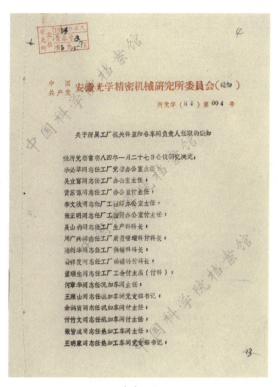
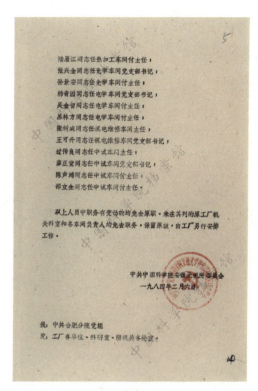

(a)   (b)

关于所属工厂机关科室和各车间负责人任职的通知

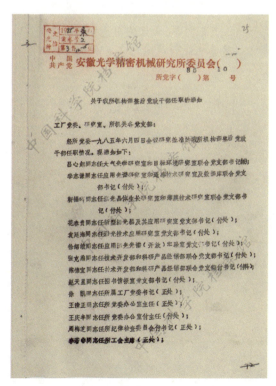
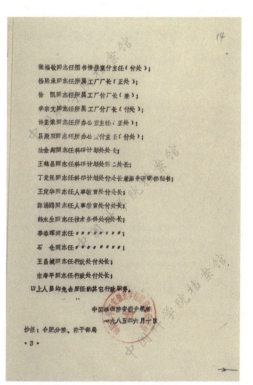

(a)   (b)

关于我所机构调整后党政干部任职的通知

1987年4月18日,袁廷海同志任工厂党委书记。4月20日,王鹤昌同志任工厂副厂长。

关于徐恺等六位同志任免职务的通知

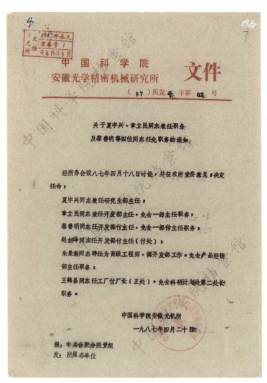

关于夏宇兴、章立民同志兼任职务及蔡誉明等四位同志任免职务的通知

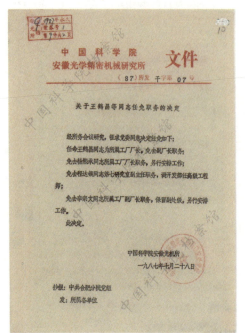

1987年7月28日,王鹤昌同志任工厂厂长,杨熙承、李宗文同志免去原职。

关于王鹤昌等同志任免职务的决定

1988年上半年,为了更好地适应科研生产形势,安光所开始酝酿所、厂一体化方案,拟撤销工厂建制,将工厂现有部门与所合并管理。同年8月6日,经安光所所务会研究决定,实行所、厂一体化方案,撤销原工厂,原工厂一、二、三、六车间组成成立机加部;光学车间与装校车间合并成立光加部;电学车间划归激光医疗分公司(筹)①。此次厂所一体化中分流到所机关及其他部门的共有51人。截至1989年底,机加部共有159人,光加部74人,激光医疗公司92人。

1988年8月15日,安光所决定:王昌城同志任机加部主任;1989年1月26日,安光所决定:郝沛明同志任光加部主任。

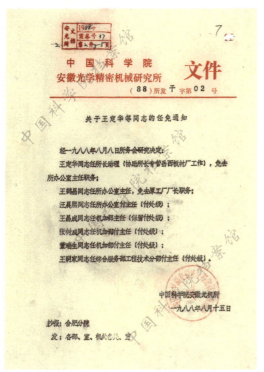
关于王定华等同志的任免通知

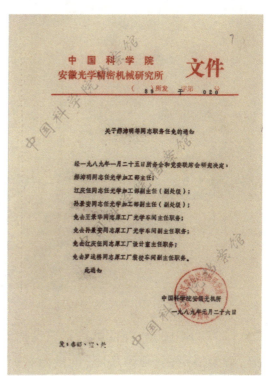
关于郝沛明等同志职务任免的通知

至此,从董铺工程筹建委员会启动工厂建设到安光所工厂被撤销,作为一个独立运行机构,工厂参与并见证了董铺岛23个春秋发展的风风雨雨,完成了它的光荣历史使命。

---

① 资料来源:1988年安光所大事记。

三、建设受控站

1970年底,中科院召开了第四个五年计划赶超项目讨论会,中科院物理所陈春先、电工所严陆光等同志提出利用安徽安光所8号电感装置建设一个具有世界先进水平的环形强磁场热核反应实验装置的设想。

第二年,物理所党委书记高原、陈春先等同志来合肥,与安徽安光所副所长何志明、科技处副处长姚民军等就在安光所建造核聚变实验装置的计划设想进行探讨。

陈春先同志(周发根 摄)

陈春先（1934—2004）四川成都人。1958年起,在中国科学院物理研究所工作,并在物理所建立了国内第一个托卡马克装置(六号),等离子体物理研究所建设发起人之一。1979—1981年担任等离子体所副所长。

1972年10月4日,周恩来总理对我国受控核聚变研究做出"受控研究两家搞,两条腿走路,百家争鸣"的批示,物理所和安光所于1973年1月28日联合向中国科学院递交了建立"受控热核反应研究实验站"的请示报告。该报告策划建立托卡马克实验装置(又称8号装置),以8号电感为热核聚变装置的强大脉冲电源提供支持,简称"八号工程"。

八号工程的主要目标是建造合肥强磁场环形受控热核反应实验装置,研究参数接近受控热核"点火"条件的环形高温等离子体的物理过程,同时积累在我国当时现有技术条件下建设大型热核实验装置的工程经验。

1973年4月6日,中科院批复了物理所和安光所两所的报告,同意在安光所建设受控热核反应研究实验站(简称"受控站"),决定从院内外调集110名相关专业的科技人员到受控站,主要从事高温等离子体物理和受控核聚变的研究工作。下半年,调入人员陆续到达合肥,9月份,受控站筹建组成立,由徐亚球同志负责,设立电气、真空、诊断、理论4个课题组。

受控站802常温电感储能电源组同事合影
(前排左起:乐秀夫、梁向阳、沈友和、赵晓阳、吕本风)
[后排左起:黄诗言、王前德、张华德、关师傅(西安高压开关厂)、王宗俭、刘同福、刘福国]

关于建设受控热核反应研究实验站的请示报告

关于等离子体物理和受控热核反应研究计划任务书及在合肥建立试(实)验站的批复

1973年5月25日,中科院下达关于合肥受控热核反应研究实验站管理体制的批复:明确实验站由物理所与安光所双重领导,其编制归安光所。实验站的领导班子、党政干部原则上由安光所负责配备,业务干部原则上由物理所负责配备,经两所协商一致后,由安光所按干部任免权限上报地方党委批准。

关于合肥受控热核反应研究实验站
管理体制的批复

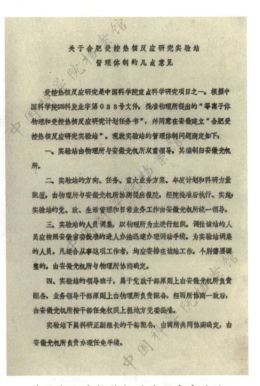

关于合肥受控热核反应研究实验站
管理体制的几点意见

1974年3月27日,安光所党委决定成立"受控工作领导小组",由党委副书记、革委会副主任凌汉如同志任组长,徐亚球、李登祥、高峰云3位同志任副组长,姚民军、卢国琛、吴永章、陈春先、邱励俭5位同志为领导小组成员。在所党委统一领导、所科技组具体指导下,统一指挥受控研究工作。至此,受控站筹建工作初步完成,开始正式运行。1975年7月25日,安光所同意:邱励俭同志为受控站领导小组副组长。

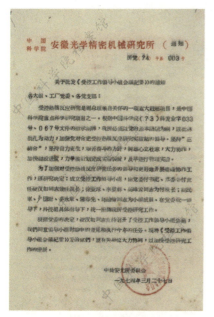

关于批发《受控工作领导小组会议纪要》的通知

关于邱励俭任副组长的通知

1974年,受控站电源室803爆炸磁流体发电组部分工作人员

(前排左起:邓伯芳、张怀贤、杨道文、王大抗、顾继座、刘登成、李逸松)

(后排左起:张桂荣、匡靖安、刘厚祥、高成云、马幼芬、吴仁英、沈华、郭增基)

1977年3月21日,安徽省委组织部决定:王子健同志任安光所党委常委、受控站党委书记;姚民军、魏本乐同志任受控站党委副书记、副主任;陈春先、崔章吉、朱绪法、邱励俭同志任受控站副主任。

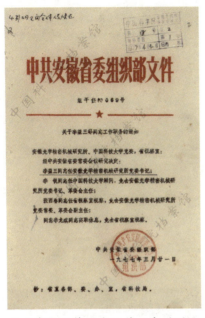

关于李益三等同志工作职务的通知

关于徐亚球等同志工作职务的通知

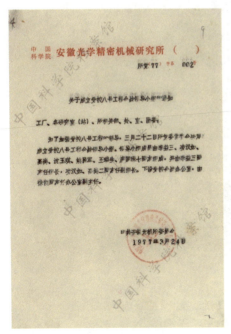

关于成立受控八号工程
会战领导小组的通知

1977年3月24日,安光所党委常委会决定:成立受控八号工程会战领导小组。领导小组成员由李益三、凌汉如、高尚、沈玉琪、姚民军、王瑞生、卢国琛7位同志组成,并由李益三同志任组长,凌汉如、高尚同志任副组长。

1977年4月7日,安光所政治部决定:成立受控站党委,党委委员由王子健、姚民军、魏本乐、崔章吉、朱绪法、席世权、刘厚祥7位同志组成。受控站党委由王子健同志任书记,姚民军、魏本乐同志任副书记。

关于成立中共安徽光学精密机械
研究所受控站党委的通知

1977年5月4日,安光所向省委报告,建议成立受控八号工程领导小组和会战指挥部。领导小组建议由王光宇、科学院领导(待定)、郑锐、陈绍真、孟家芹、陈元良、李益三同志组成,王光宇同志任组长。在领导小组下建立八号工程指挥部,其成员建议由孟家芹、陈绍真、王渔、李益三、王启腾、刁岫生、封必流、宋文礼、刘汉炳、王广祥、凌汉如11位同志组成。孟家芹同志任指挥,陈绍真、王渔、李益三同志任副指挥。会战办公室设在安光所,凌汉如同志兼办公室主任。安徽省委批复同意:成立领导小组和指挥部。

 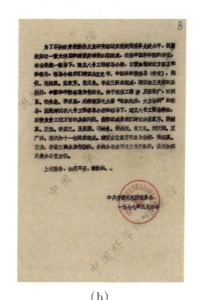

(a)　　　　　　　　(b)

关于建立受控八号工程领导小组和会战指挥部的报告

1977年6月6日,安光所革委会正式启用"中国共产党安徽光机所受控站委员会""中国科学院安徽光机所受控热核研究实验站""中国科学院安徽光机所受控热核研究实验站办公室"印章。[①]

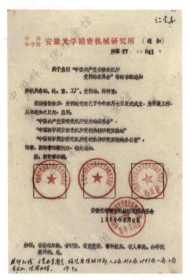

关于启用"中国共产党安徽光机所受控站委员会"等印章的通知

关于启用"中国科学院安徽八号工程会战指挥部"印章的通知

1978年2月15日,安光所启用了"中国科学院安徽八号工程会战指挥部"印章。3月25日,安徽省革命委员会科技局批准启用"中国科学院八号工程"印章。

1978年后,作为行政领导机构,革命委员会这个"文化大革命"时期特定的历史产物完成了它的组织使命。

关于启用中国科学院八号工程印章的通知

四、建设支撑保障

(一)兴建子弟学校

1971年4月20日,安光所革命委员会领导小组决定筹建子弟学校,由崔夏

[①] 安徽光机所即安光所。

圉同志负责,将位于岛中央路南安光所器材处仓库改建为小学教室,从市内将职业为教师的职工家属调来教学。

1978年学校部分女教师合影(子弟学校 供)
(前排左起:吴正华和儿子崔峙、陶纬如、贺文端、陈俊哲)
(后排左起:叶大玉、王爱香、周本翠、成咏莲、禹定金)

1971年5月3日,安光所子弟学校正式成立并开学,学校设小学一至五年级,共5个教学班,学生计56人。

1972年,子弟学校开办初中,原五年级小学毕业生部分升入初中。

1978年4月,中科院合肥分院成立,随之安光所子弟学校改为中国科学院合肥分院子弟学校。

学校获得的荣誉(子弟学校 供)

1979年9月,子弟学校正式开办高中,招收高一新生30人。

1993年,子弟学校更名为合肥分院附属中学和附属小学。

2003年1月5日,合肥研究院与北大青鸟集团、北大教育投资有限公司签署协议,在原中国科学院合肥分院附属中学(含中小学、幼儿园)的基础上,成立新的"合肥北大附属实验学校"。2006年上半年,双方中止合作,学校又更名为"合肥科学岛实验中学"。

2020年9月,以艺术特长高中生为主要培养方向的科学岛实验中学停止招生。学校回归基础教育,2021年9月更名为"中国科学院合肥研究院附属学校",与中国科大合作挂牌"中科大附中科学岛学校"。

(二)兴建职工医院

职工医院是在原中国人民解放军总字八二五部队六五一六工程卫生所基础上发展而来的,于1970年底开始兴建。

1972年6月3日,安光所党委常委扩大会议决定:郭群贵同志任职工医院负责人于6月6日上任,职工医院就此正式成立。

1978年4月中科院合肥分院成立后,职工医院作为公共服务机构,划归合肥分院管理。2001年11月合肥研究院成立后,由合肥研究院管理。2010年5月13日,合肥研究院决定成立合肥研究院医学物理与技术中心,职工医院成为其下属临床部。

20世纪80年代职工医院医生在学习(职工医院 供)

2010年11月20日,"中国科学院合肥物质科学研究院肿瘤医院"(二级肿瘤专科医院)筹备组成立,单文钧同志任组长,王宏志同志任副组长。

2015年12月18日,中国科学院合肥物质科学研究院肿瘤医院成为事业单位法人,法人代表王宏志。

2016年2月26日,中科院批复:同意将"中国科学院合肥物质科学研究院肿瘤医院"更名为"中国科学院合肥肿瘤医院"。

2019年9月11日,肿瘤医院获得三级肿瘤专科医院执业资格。

中国科学院关于同意医院更名的批复

三级肿瘤专科医院揭牌仪式(肿瘤医院 供)

(三)兴建幼儿园

安光所幼儿园的建设于1971年完成,最初位于二号楼西北边。合肥分院时期,幼儿园划归合肥分院,20世纪80年代幼儿园移址东区。合肥研究院时期,新建科学家园住宅小区,并在科学家园新建幼儿园。2012年9月,科学家园幼儿园启用,同时关闭科学岛幼儿园。2021年9月,科学岛幼儿园与合肥市合作,恢复招生。

20世纪90年代的合肥分院幼儿园

第四篇　合肥分院时期
(1978—2001)

中国科学院合肥分院
（1978-2001）

1978年4月19日,中科院向国务院副总理方毅呈送《关于建立合肥科研、教育基地和成立中国科学院合肥分院的报告》。该报告经党中央和华国锋主席批准,批复级别最高。

该报告写道:计划8年内在合肥建立一个以基础科学和新兴科学技术为主

(a)
关于建立合肥科研、教育基地和成立中国科学院合肥分院的报告的综合性科研教育基地。拟新建等离子体物理（受控热核反应，编者注）研究所、固体物理研究所、合肥智能机械研究所、金属腐蚀和防护研究所、科学仪器工厂、计算站等6个科研生产服务单位。1985年基地第一期工程建成后，包括合肥分院院部及现有的安徽光学精密机械研究所共8个单位。

> 即成立中国科学院合肥分院。现将有关问题报告如下：
>
> 一、初步规划，合肥科研教育基地建成后共有八个单位。除现有的中国科学技术大学和安徽光学精密机械研究所外，八年内拟新建等离子体物理（受控热核反应）研究所、固体物理研究所、智能机械研究所、金属腐蚀和防护研究所、科学仪器工厂、计算站等六个科研生产服务单位。
>
> 二、上述八个单位由我院和安徽省双重领导，并以我院为主。党的工作由安徽省负责领导，业务行政工作由科学院负责管理。
>
> 三、关于基地的具体设计方案，待我院和安徽省进一步商定后，另报国家计委、国家科委等有关部门审批。
>
> 以上意见妥否，请批示。
>
> 　　　　　　　　　　　　　　　　中国科学院
> 　　　　　　　　　　　　　　　一九七八年四月十九日

(b)

1978年4月29日,中科院致函安徽省革命委员会,决定建立合肥科研、教育基地和成立中科院合肥分院,明确定位合肥分院为中科院派出机构,由中科院和安徽省双重领导。

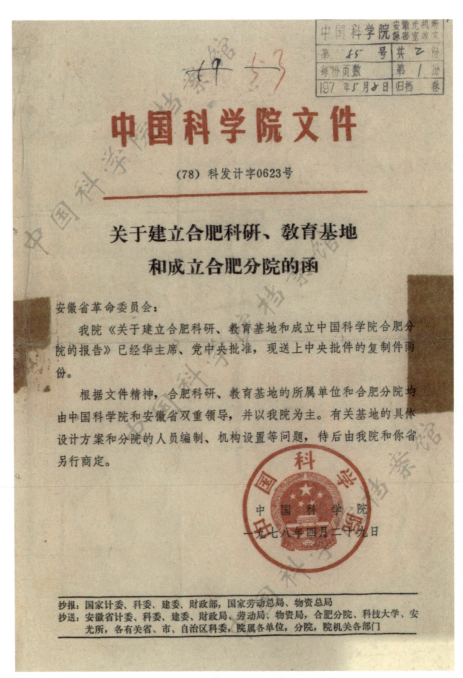

1978年4月29日,中科院合肥分院成立

安徽省委积极支持这个规划方案,中科院同意安徽省委的意见。为此,拟将合肥分院所属机构建设在合肥董铺水库西岛(科学岛),中国科大建设在与之隔水相望的中岛(南大坝东侧),这样双方可以共享许多公共设施。

科学岛地域图

中科院合肥分院负责基地综合规划，组织协调各研究所（厂）等单位的基础理论和新兴技术研究工作，重大科学实验室的设计建设，平衡研制加工计划，培训科技队伍，开展中外专家学术交流，统一管理分院所属各单位的住宅、宿舍、生活用房、医疗卫生、子弟学校、水电煤气等供应与其他有关公共福利的生活服务设施，统一负责基地的基本建设工作。在安徽省委的领导下，加强分院所属机构的政治思想工作。

《安徽日报》1978年11月30日关于中国科学院合肥分院成立的新闻报道

《合肥报》1978年11月29日关于中国科学院合肥分院成立的新闻报道

十一届三中全会后,随着教育体制改革的全面深化,大学和研究所开始逐步恢复招收研究生。1981年,位于董铺岛的安光所、等离子体所以及尚处于筹建阶段的固体所开始招收硕士研究生。

1981年,安光所、等离子体所、固体所共招收硕士研究生33人。其中安光所录取15人:占明生、关一夫、李书涛、王小明、文根旺、张冰、王勇、赵凤生、高军毅、张逸新、吴毅、雷杰、王河新、乔延利、节洪魁。等离子体所录取11人:徐学桥、尹雨松、黄潮松、陶悦群、吴利泉、秦江、沐建林、宋铮、王胜光、王川、夏维东。固体所录取7人:苏全民、张宝山、马学鸣、谌季强、刘本林、王力田、程湘。

科学岛第一届硕士学位证书示例

有关董铺岛博士研究生的招录情况，目前查找到的最早记载是固体研究所于 1985 年 11 月 8 日录取马学鸣、倪军、方前锋、李晓光四位硕士攻读博士学位。倪军、方前锋为葛庭燧研究员的博士研究生，马学鸣、李晓光为何怡贞研究员的博士研究生。

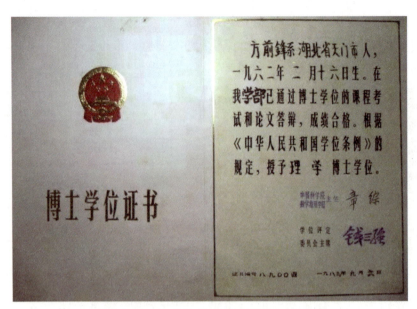

科学岛第一批录取的博士生学位证书示例

获批的第一个入站博士后

1994 年 1 月 25 日，等离子体所向人事部专家司、中科院教育局请示，拟接受德国留学博士万宝年来等离子体所做博士后。同日，全国博士后管委会办公室同意万宝年到等离子体物理"物理学"博士后流动站做博士后。这是目前有记载的董铺岛第一个博士后。

至此，董铺岛的研究生教育已经初成体系，形成了一个完整的教育闭环，从体制上有了较强的保证，为以后的科学岛研究生教育发展奠定了坚实、良好的基础。

1985年上半年,合肥分院为了满足各研究所急需补充技术人员以缓解实验室辅助人员严重不足状况的要求,在征得中科院教育局、安徽省教委、计委及合肥市计委的同意后,筹办了"合肥分院科学技术学校"。成立当年招收了电子、机械两个班,合计122人,取得了良好的效果,受到了地方教育部门的好评。

1986年2月20日,合肥市计委、中科院合肥分院联名,向中科院请示成立"中国科学院合肥分院科技学校"。

1988年4月18日,中科院批准成立"中国科学院合肥分院科学技术学校",建制归分院。学校学制为三年,招生规模为300人,初期设立电子和机械两个专业。

进入21世纪后,因教学形势发生变化,科技学校招生生源严重不足,2018年科技学校停止招生,学校停办。

20世纪90年代的合肥分院科技学校大门(马兰 供)

据《中国科学院合肥分院五年工作回顾》所述,因合肥分院的发展方向和规模长时间未能确定,且中岛的几百户居民搬迁问题难以得到解决,加之总体投资较大,中国科大中岛建设没有实现。至基地第一期工程完成前一年,除金属腐蚀和防护研究所已另选址,(在合肥),工厂仍分属安光所和等离子体所外,其他各研究所都已建立起来了。

1981年8月,杨振宁访问合肥分院,参观安光所遥感实验室

1982年,丁肇中访问合肥分院

第四篇 合肥分院时期（1978—2001）

1988年9月，严济慈访问合肥分院

20世纪80年代的合肥分院办公楼（二号楼）

20世纪80年代的合肥分院南大门

1980年,建设中的合肥分院文化站(现已拆除)

20世纪80年代的合肥分院农贸市场(现附属学校西侧研究生公寓所在地)

20世纪80年代的合肥分院商店(现核能安全技术研究所L楼所在地)

1987年建成的卫星地面接收系统

一、1978年7月—1983年7月

1978年7月15日,安徽省委组织部决定:成立中国科学院合肥分院临时党委,由白学光、伍乃茵、朱德兴、蔡承祖、施炳智、凌汉如、闫长久7位同志组成。白学光同志任临时党委书记,伍乃茵同志任副书记。

1978年7月18日,启用"中国科学院合肥分院"印章。

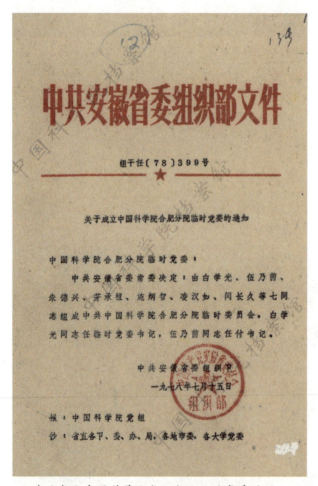

关于成立中国科学院合肥分院临时党委的通知

关于起(启)用"中国科学院合肥分院"印章的通知

1978年11月15日，国务院批复：同意蔡承祖、朱德兴同志任合肥分院副院长。

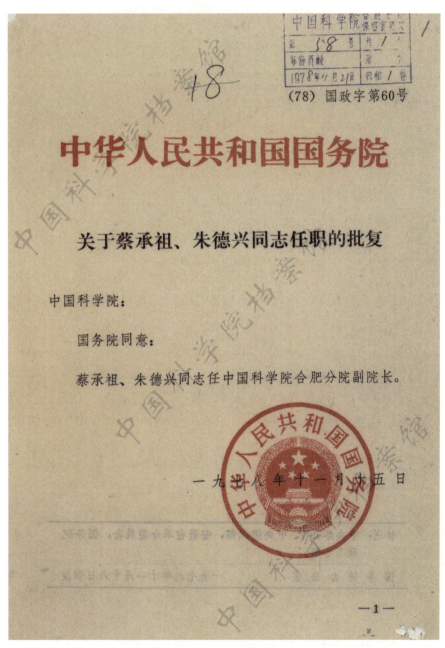

关于蔡承祖、朱德兴同志任职的批复

1979年7月7日,中科院同意:田学辉、凌汉如、阎长久同志任合肥分院副秘书长。

关于田学辉等同志任职的通知

1979年11月9日,安徽省委组织部决定:蔡承祖同志任合肥分院临时党委副书记。1980年3月13日,安徽省委组织部同意:阎长久同志兼任分院临时党委纪律检查组组长。

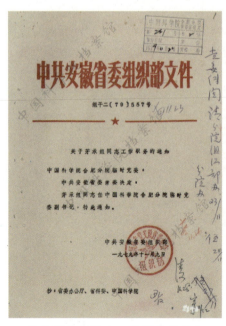

关于蔡承祖同志工作职务的通知

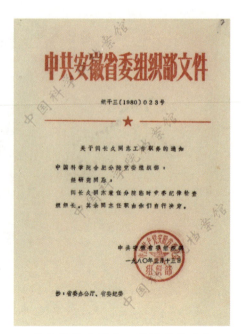

关于阎长久同志工作职务的通知

1980年5月7日,合肥分院临时党委书记白学光同志调往青岛海洋所工作,其职务由蔡承祖同志接任。

1980年7月21日,中科院决定:葛庭燧同志任合肥分院副院长。11月28日,免去凌汉如同志合肥分院副秘书长职务。

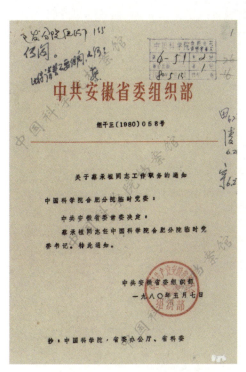

关于蔡承祖同志工作职务的通知

关于葛庭燧同志任职的通知

1981年1月19日,中科院同意:阎长久同志任合肥分院秘书长,李锐锋、唐功先、姚民军同志任合肥分院副秘书长。

1981年3月13日,中科院党组批复:同意撤销合肥分院临时党委,成立合肥分院党组;党组由蔡承祖、葛庭燧、刘曙、潘宝质、阎长久、马杰6位同志组成,蔡承祖同志任党组书记。

关于阎长久等同志任职的通知

关于成立中共合肥分院党组的批复

1981年4月13日,中科院同意:马杰同志任合肥分院副秘书长。

1981年5月28日,正式启用"中国共产党中国科学院合肥分院党组"印章。

1981年6月16日,中组部同意:蔡承祖同志任中国科学院合肥分院党组书记。

1981年后,董铺岛党组织的建设工作由中科院统一管理,改变了以前数十年党组织建设工作由院、地共管的状况。

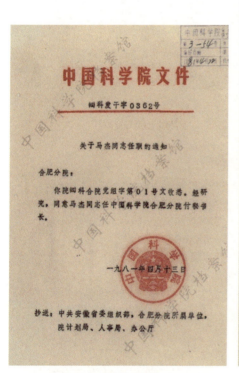

关于马杰同志任职的通知

关于蔡承祖同志任职的通知

1982年5月19日，中组部同意：刘曙同志任中国科学院合肥分院党组副书记。

二、1983年7月—1991年5月

1983年7月28日，中组部同意：霍裕平同志任合肥分院院长，刘曙、李凤楼、刘颂豪3位同志任合肥分院副院长。

关于刘曙同志任职的通知

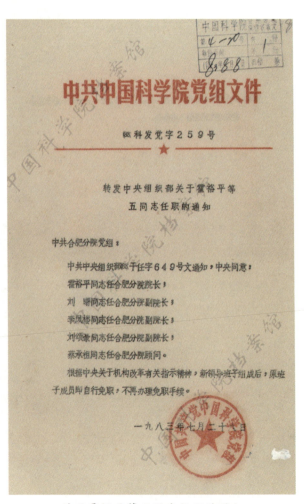

关于霍裕平等五同志任职的通知

1983年9月7日,中科院党组决定:合肥分院党组由刘曙、李凤楼、刘颂豪、马杰4位同志组成,刘曙同志任党组书记。11月14日,中科院党组同意:阎长久同志任党组纪检组长。

关于组成合肥分院党组的通知

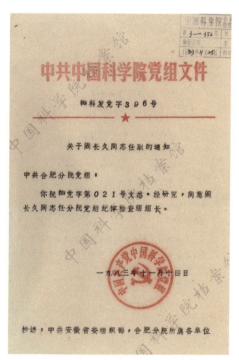

关于阎长久同志任职的通知

1983年11月11日,中科院党组批复:同意马杰、李锐锋同志任合肥分院副秘书长。1983年底和1984年初,合肥分院党组和纪律检查组新印章先后启用。

关于马杰、李锐锋二同志　　关于启用分院党组　　关于启用印章的通知
任职的通知　　　　　　　　新印章的通知

1984年2月22日,中科院党组免去唐功先同志合肥分院副秘书长职务。3月20日,中科院党组批复:同意增补霍裕平同志为合肥分院党组成员。

关于唐功先同志任职的通知　　　　关于增补霍裕平同志为合肥分院
　　　　　　　　　　　　　　　　　　党组成员的通知

1985年12月2日,中科院党组批复:同意汤洪高同志任合肥分院党组书记,茅培基同志任党组副书记,许正荣、刘曙同志任党组成员。1986年2月8日,中科院党组批复:同意茅培基同志任分院纪检组组长,1987年1月14日由张忠山同志接任。

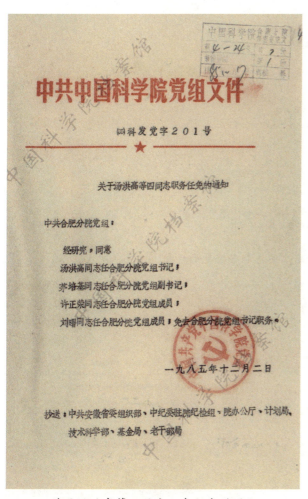

关于汤洪高等四同志职务任免的通知

关于茅培基同志任职的通知

1985年12月3日,中科院同意:许正荣同志任合肥分院副院长。

1986年10月7日,中科院决定:茅培基同志兼任合肥分院副院长。

1988年12月26日,中科院同意:由汤洪高同志兼任合肥分院副院长。

关于许正荣、刘曙二同志职务任免的通知

关于茅培基同志任职的通知

关于汤洪高等四同志任职的通知

1989年2月20日，张忠山同志接任茅培基同志分院党组副书记职务。1990年4月24日，中科院党组批复：决定霍裕平同志任合肥分院代理党组书记，茅培基同志任合肥分院党组副书记（兼，时任合肥分院副院长），钟小华同志任合肥分院党组成员。

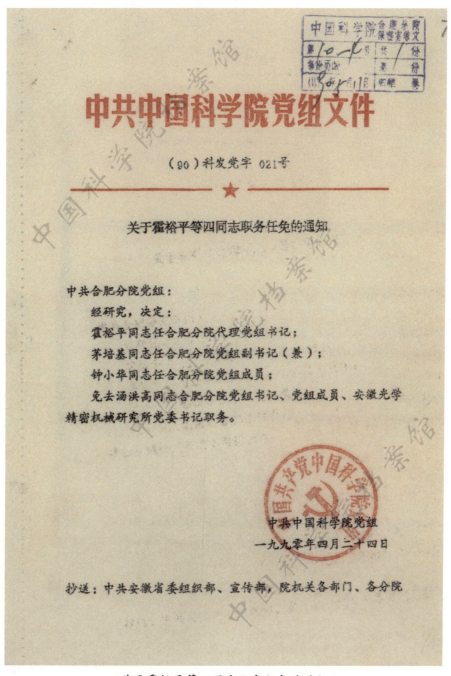

关于霍裕平等四同志职务任免的通知

1991年1月26日,中科院党组批复:同意宋兆海同志任合肥分院党组副书记兼纪检组组长,同时免去许正荣同志党组成员职务。

关于许正荣、宋兆海同志职务任免的通知

1991年2月26日,中科院同意钟小华、季幼章同志任合肥分院副院长。中科院党组批复:同意增补钟小华、季幼章同志为合肥分院党组成员。3月25日,中科院党组免去张忠山同志合肥分院党组纪检组组长职务。

关于钟小华、季幼章同志任职的通知　　关于钟小华、季幼章同志任职的通知

三、1991年5月—1996年1月

1991年5月6日,中科院同意:邱励俭同志任合肥分院院长,免去霍裕平同志合肥分院院长职务。

关于邱励俭、霍裕平同志职务任免的通知

1991年5月6日,中科院党组批复:同意茅培基同志任合肥分院党组书记,邱励俭同志任合肥分院党组成员,免去霍裕平同志合肥分院代理党组书记职务。同时明确了合肥分院院长和党组书记任期均为四年。1992年7月6日,中科院免去季幼章同志合肥分院副院长职务。

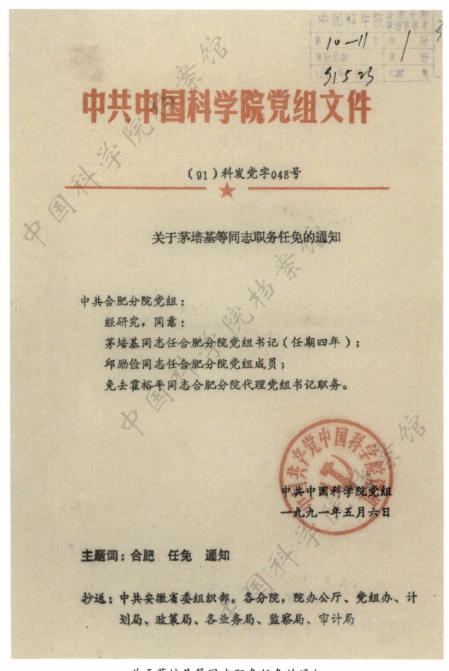

关于茅培基等同志职务任免的通知

四、1996年1月—2000年6月

1996年1月10日,中科院决定:王绍虎同志任合肥分院院长,钟小华同志任合肥分院副院长;免去邱励俭同志合肥分院院长职务,免去茅培基同志合肥分院副院长(兼)职务。

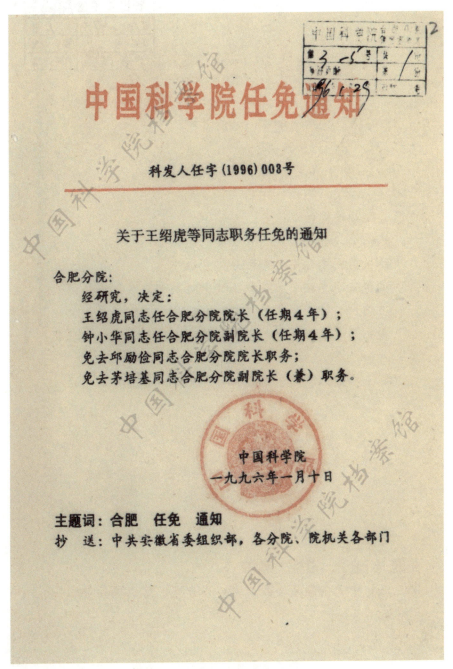

关于王绍虎等同志职务任免的通知

1996年1月11日,中科院党组批复:决定许正荣同志任中共合肥分院党组书记,宋兆海同志任中共合肥分院党组副书记兼纪检组组长,王绍虎、钟小华同志任中共合肥分院党组成员;免去茅培基同志中共合肥分院党组书记、党组成员职务,免去邱励俭同志中共合肥分院党组成员职务。

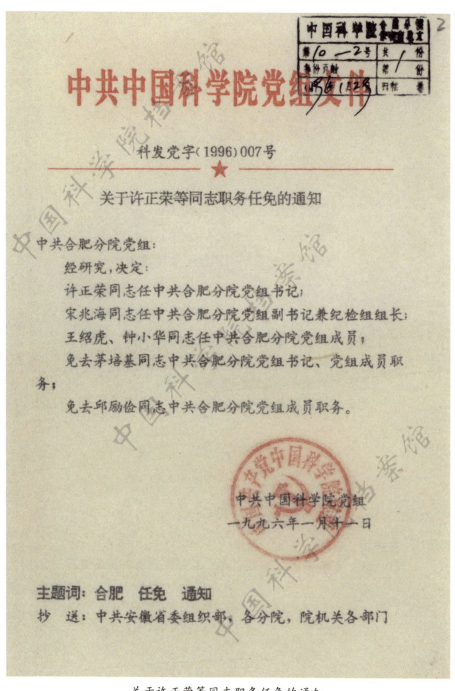

关于许正荣等同志职务任免的通知

五、2000年6月—2001年11月

2000年6月2日,中科院决定:谢纪康同志任合肥分院院长,钟小华、张毅同志任合肥分院副院长。中科院党组批复:决定宋兆海同志任合肥分院党组书记兼纪检组组长,谢纪康、钟小华、张毅3位同志任分院党组成员;同时免去许正荣、王绍虎同志相应职务。

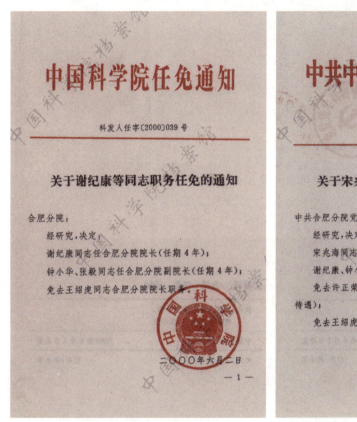
关于谢纪康等同志职务任免的通知

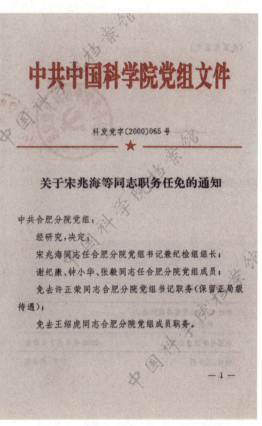
关于宋兆海等同志职务任免的通知

1985年合肥分院团委成立及表彰优秀团员大会合影（宋兆海 供）

20世纪80年代的科学岛中岛路

1998年11月23日,安徽省委书记王太华视察合肥分院

第四篇 合肥分院时期(1978—2001)

1993年6月,中科院合肥分院妇委会成立纪念

1985年1月,中科院八号工程竣工验收留念

第四篇 合肥分院时期（1978—2001）

2002年合肥分院机关同志合影

中国科学院安徽光学精密机械研究所
(1979—2001)

一、1979年4月—1983年5月

1979年4月11日，安徽省委常委会决定：潘宝质同志任安光所党委书记。

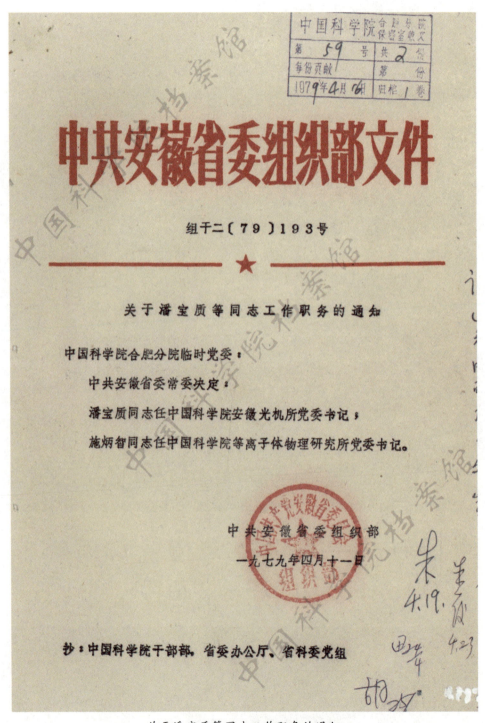

关于潘宝质等同志工作职务的通知

1979年7月7日,中科院同意:沈玉其、徐亚球、庞焕洲3位同志任安光所副所长,组成安光所新的领导班子。

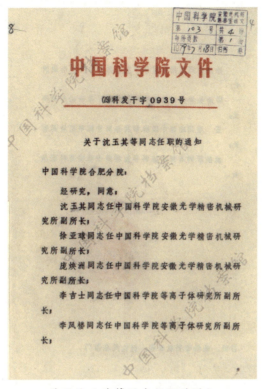

关于沈玉其等同志任职的通知

为了加强安光所行政领导班子,1980年4月4日、8月19日、11月3日,中科院先后同意:于文卿、顾子玉(应为顾之玉)、卢国琛3位同志任安光所副所长。

关于于文卿同志任职的通知

关于顾之玉同志任职的通知

关于卢国琛同志任职的通知

1980年10月21日,安光所召开第二次党员代表大会,选举产生第二届党委,潘宝质、沈玉其、于文卿、卢国琛、孙明、朱光、王清正、庞焕洲、周梅芝、杨维纲、汝金超、王鹤昌、许正荣、史拿应、刘心德15位同志组成安光所第二届党委。潘宝质、于文卿、王清正、沈玉其、庞焕洲、卢国琛、朱光7位同志任常务委员;潘宝质同志任书记,于文卿同志任副书记兼任安光所纪委书记,朱光任同志副书记,李志谦、王照山、郑兰英(女)3位同志任纪委委员。

1981年2月2日,安徽省委组织部批复:同意潘宝质同志任安光所党委书记,于文卿同志任党委副书记兼纪委书记,朱光同志任副书记。潘宝质、于文卿、王清正、沈玉其、庞焕洲、卢国琛、朱光7位同志任党委常务委员。

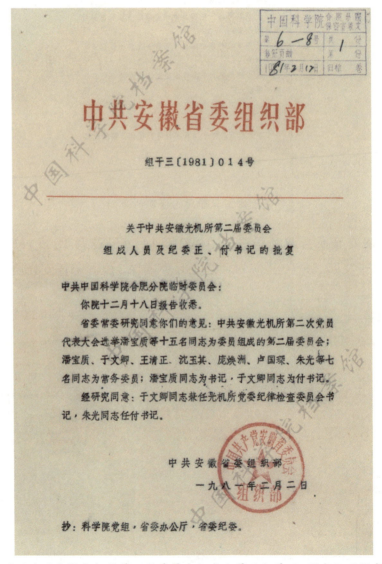

关于中共安徽光机所第二届委员会组成人员及纪委正、副书记的批复

1981年3月25日,中科院同意:刘颂豪同志任安光所副所长。7月26日,合肥分院党组决定:增补刘颂豪同志为安光所党委委员、常委。

关于刘颂豪同志任职的通知

关于增补刘颂豪同志为安光所党委常委的通知

1980年10月,德国马普学会政府代表团来安光所参观并签订合作协议

二、1983年5月—1987年3月

1983年5月13日,中科院党组转发中组部文件,同意:刘颂豪同志任安光所所长。10月26日,中科院党组批复:决定顾之玉、程树枫、卢国琛3位同志任安光所副所长,组成新一届安光所行政领导班子,原领导班子自行免职。

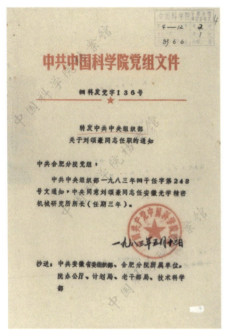

关于刘颂豪同志任职的通知

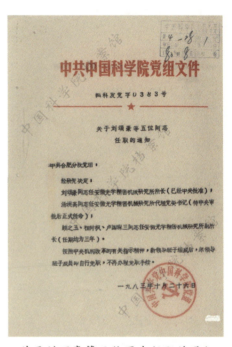

关于刘颂豪等五位同志任职的通知

刘颂豪 广东广州人(1930—)光学与激光专家。1999年当选中国科学院院士。1981—1983年,任安徽光学精密机械研究所副所长;1983—1987年,任安徽光学精密机械研究所所长;1983—1987年,任合肥分院副院长。1987年调入华南师范大学。

1984年4月23日，中科院党组转发中组部文件，同意汤洪高同志任安光所党委书记。5月19日，合肥分院党组批复：同意由汤洪高、刘颂豪、徐恺、卢国琛、程树枫、宋兆海、王清正7位同志组成安光所第三届委员会。

1984年6月11日，合肥分院党组批复：同意安光所纪律检查委员会由汤洪高、周梅芝、王照山、王定华、吴保恕5位同志组成，汤洪高同志兼任纪委书记，周梅芝同志任副书记。

1985年2月1日，中科院同意：龚知本同志任安光所副所长。

1985年8月31日，合肥分院党组批复：同意宋兆海同志兼任安光所纪委书记。

1986年1月20日，合肥分院党组批复：同意增补龚知本同志为安光所党委委员。

关于汤洪高同志任职的通知

关于中共安徽光机所第三届委员会委员的批复

关于安光所纪律检查委员会成员组成的批复

关于龚知本同志任职的通知

关于宋兆海同志任所纪委书记的批复

关于安光所增补龚知本同志为所党委委员的批复

三、1987年3月—1991年8月

1987年3月30日，中科院同意：龚知本同志任安光所所长，夏宇兴、章立民、卢国琛3位同志任副所长。

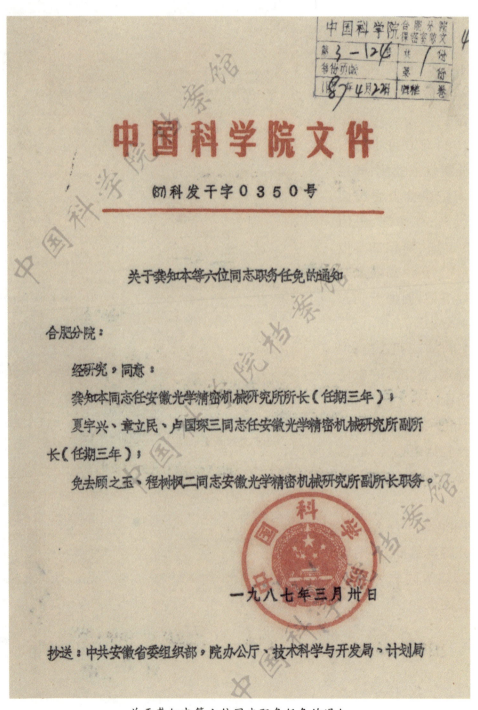

关于龚知本等六位同志职务任免的通知

龚知本 (1935—)江苏太仓人。2003年当选中国工程院院士。1985—1987年,任安徽光学精密机械研究所副所长,1987—1995年,任安徽光学精密机械研究所所长。

1988年12月26日,中科院同意:宋兆海同志兼任安光所副所长。1990年8月21日,中科院同意:谢海明同志任安光所副所长。

关于汤洪高等四同志任职的通知

关于谢海明同志任职的通知

1990年11月24日,安光所召开全所党员大会,选举产生安光所第四届党委委员和纪委委员。宋兆海、夏宇兴、徐恺、王庆丰、汝金超、胡欢陵、王鹤昌、吕殿双8位同志当选党委委员,王庆丰、宋兆海、丁爱民、薛涌鸥、张兴金5位同志当选纪委委员。

1990年12月5日,中科院合肥分院党组向安徽省委组织部报告安光所第四届委员会、纪律检查委员会组成人员,宋兆海同志任党委副书记兼纪委书记,王庆丰同志任纪委副书记。

1990年12月31日,中科院党组批复:同意宋兆海同志任安光所党委副书记兼纪委书记。

1991年1月26日,中科院党组批复:同意许正荣同志任安光所党委书记。

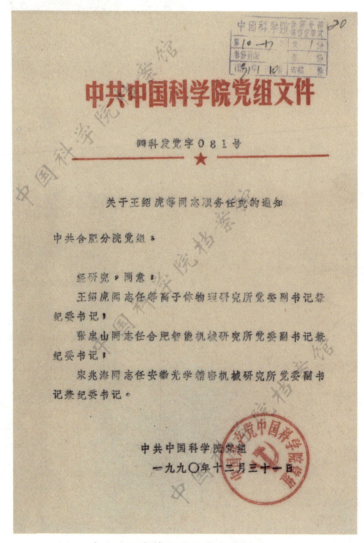

关于王绍虎等同志职务任免的通知

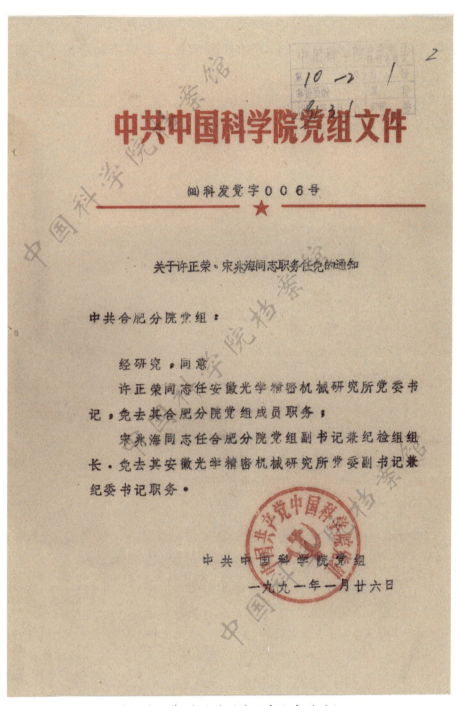

关于许正荣、宋兆海同志职务任免的通知

四、1991年8月—1995年12月

1991年8月15日,中科院同意:龚知本同志任安光所所长,许正荣(兼安光所党委书记)、夏宇兴、谢海明3位同志任副所长。本届所领导班子任期从以往的3年改为4年。

1992年12月18日,中科院同意:余吟山、丁爱民同志任安光所副所长;并于1993年1月27日免去夏宇兴副所长职务。

关于龚知本等同志职务任免的通知

关于余吟山、丁爱民同志任职的通知

五、1995年12月—2000年5月

1995年12月29日,中科院同意:胡欢陵同志任安光所所长,谢海明、余吟山、丁爱民3位同志任安光所副所长。

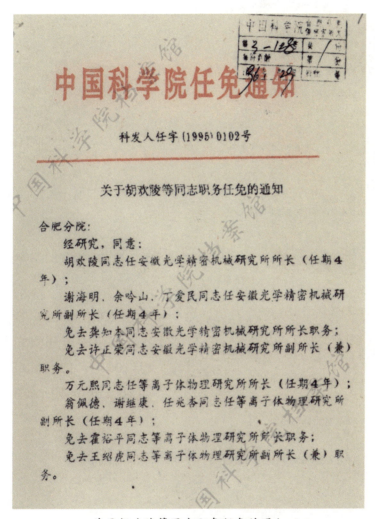

关于胡欢陵等同志职务任免的通知

1996年8月27日,安光所党委向合肥分院党组报告安光所第五届党委委员、纪委委员选举结果。胡欢陵、许正荣、余吟山、王庆丰、丁爱民、张毅、周军、刘佩田、谢海明9位同志当选为党委委员,许正荣同志兼任党委书记(时任合肥分院党组书记),丁爱民同志任党委副书记。王庆丰、丁爱民、孙景安、张兴金、吴文洲5位同志当选为纪委委员,丁爱民同志兼纪委书记,王庆丰同志任纪委副书记。

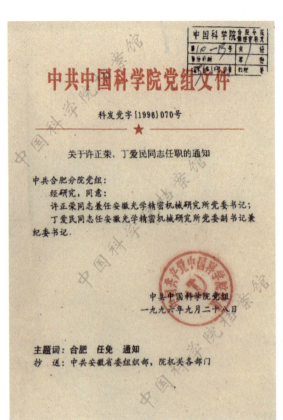

1996年9月28日,中科院党组批复:同意许正荣同志兼任安光所党委书记,丁爱民同志任安光所党委副书记兼纪委书记。

关于许正荣、丁爱民同志任职的通知

1998年5月26日,中科院同意:张毅同志任安光所副所长,并于1999年12月30日免去谢海明同志安光所副所长职务。

关于张毅同志任职的通知

六、2000年5月—2001年11月

2000年5月26日,中科院同意:王英俭同志任安光所常务副所长,余吟山、刘文清、王安3位同志任安光所副所长。中科院党组批复:同意丁爱民同志任安光所党委书记兼纪委书记。

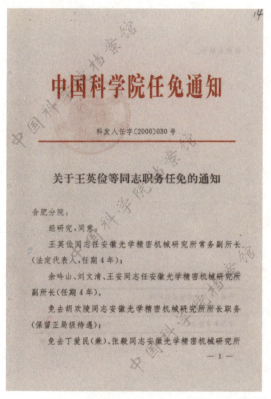

关于王英俭等同志职务任免的通知

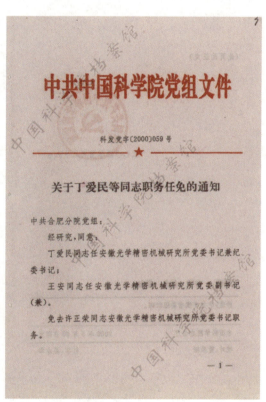

关于丁爱民等同志职务任免的通知

2001年4月5日,安光所党委向合肥分院党组报告安光所第六届党委委员、纪委委员选举结果。王英俭、王安、丁爱民、余吟山、周军、王源金、鲍健、戎春华、刘贵华9位同志当选为党委委员,丁爱民任党委书记,王安任副书记。丁爱民、孙景安、王进祖、田志强、何自平5位同志当选为纪委委员,丁爱民兼任纪委书记。

中国科学院等离子体物理研究所
（1978—2001）

一、1978年2月—1983年5月

1978年5月11日,中科院决定:李吉士、陈春先同志任等离子体物理研究所负责人。

1978年9月19日,合肥分院根据中科院指示,正式启用"中国科学院等离子体物理研究所"印章。9月20日,中科院批复成立中国科学院等离子体物理研究所。经过5年多受控站的建设积累,为等离子体所的建立奠定了坚实的基础。

关于确定等离子体物理研究所负责人的通知

1978年9月20日,等离子体物理研究所成立

等离子体物理研究所印章启用

20世纪80年代的等离子体物理所科研办公楼(四号楼)(周发根 摄)

1978年7月25日,中科院合肥分院向安徽省委组织部提交了《关于成立中共等离子体物理研究所临时党委的报告》。9月5日,安徽省委组织部批复:同意李吉士、李凤楼、陈春先、姚民军4位同志任中国科学院合肥分院等离子体所临时党委委员。

中国科学院等离子体物理研究所正式成立后,1979年2月8日,中科院合肥分院同意:增补庞焕州、王宇、王清正、崔章吉4位同志为等离子体所临时党委委员。

关于成立中共等离子体物理研究所临时党委的报告

关于李吉士等同志工作职务的通知

关于庞焕州等同志职务的通知

1979年4月11日，安徽省委决定：施炳智同志任等离子体所党委书记。
1980年12月12日，安徽省委决定：免去施炳智同志等离子体所党委书记职务。

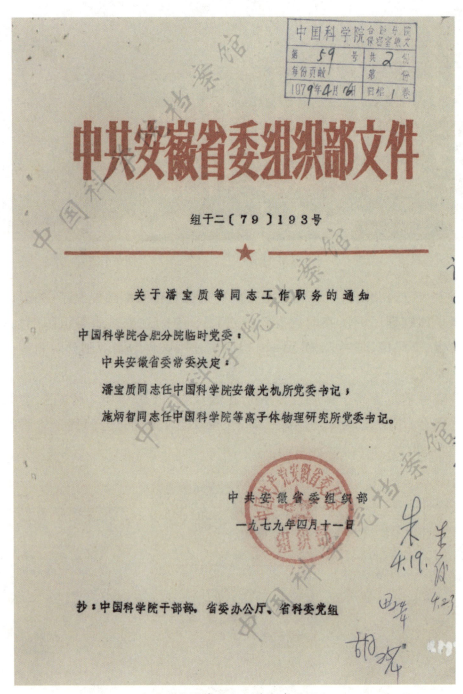

关于潘宝质等同志工作职务的通知

1979年7月7日,中科院同意:李吉士、李凤楼、陈春先、邱励俭、王宇、姚民军6位同志任等离子体所副所长。

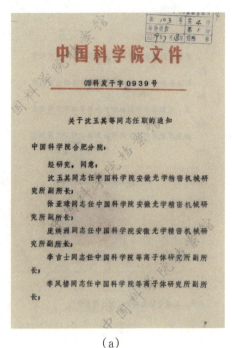 

(a) (b)

关于沈玉其等同志任职的通知

1980年,八号工程建设中止(中央二号文件)。二号文件指出"二机部的托卡马克装置将在明年建成,科学院不必另建"及"科学院侧重原子核科学的研究(……包括等离子体物理)"。中科院决定在八号工程停建的情况下,继续办好等离子体物理研究所。

关于继续办好合肥等离子体物理所的报告

1981年3月24日,中科院党组批复:同意刘曙同志任等离子体所临时党委书记,邵世举同志任等离子体所临时党委副书记。8月10日,合肥分院党组增补邱励俭同志为等离子体所临时党委委员。

关于刘曙等同志任职的批复

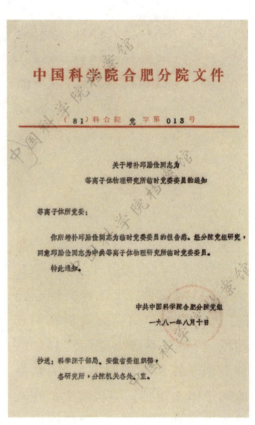

关于增补邱励俭同志为等离子物理研究所临时党委委员的通知

1981年10月21日,中科院同意:霍裕平同志任等离子体所副所长。

1981年11月16日,安徽省委组织部经与中科院干部局商妥,并报安徽省委同意"中国科学院等离子体物理研究所"临时党委改为"中共中国科学院等离子体物理研究所委员会"。由刘曙、邵世举、李凤楼、邱励俭、崔章吉5位同志组成,刘曙同志任书记,邵世举同志任副书记,李凤楼、邱励俭、崔章吉3位同志为委员。

关于霍裕平同志任职的通知

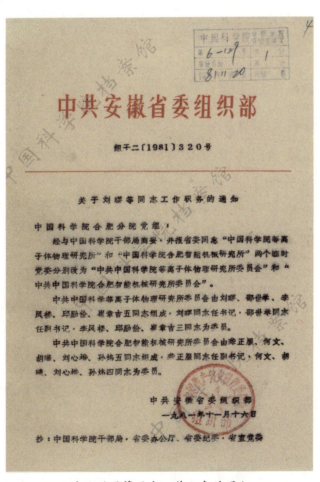

关于刘曙等同志工作职务的通知

二、1983年5月—1986年10月

1983年5月10日,中科院党组批复:同意霍裕平同志任等离子体所所长。

中共中国科学院党组文件

(83)科发党字132号

关于葛庭燧、霍裕平二同志任职的通知

中共合肥分院党组:

经研究同意:

葛庭燧同志任中国科学院固体物理研究所所长（任期三年）；

霍裕平同志任中国科学院合肥等离子体物理研究所所长（任期三年）。

一九八三年五月十日

抄送：中共安徽省委组织部，合肥分院所属单位，院办公厅，计划局，老干部局，数学物理学部

关于葛庭燧、霍裕平二同志任职的通知

霍裕平（1937— ）湖北黄冈人。1993年当选为中国科学院院士。1981—1983年，任等离子体物理研究所副所长；1983—1995年，任等离子体物理研究所所长；1983—1991年，任中国科学院合肥分院院长。1996年调入郑州大学。

（蒋缇 摄）

1983年6月17日，合肥分院党组批复：同意增补马国成同志为等离子体所党委委员。

1983年11月17日，合肥分院向中科院党组请示，调唐功先同志任等离子体所副所长。1984年2月22日，中科院党组批复：同意唐功先同志任等离子体所副所长。

关于增补中共等离子体物理研究所委员会委员的批复

关于唐功先同志任职的通知

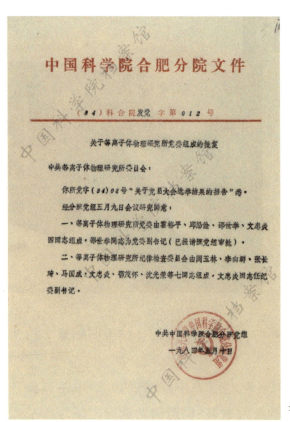

1984年5月10日，合肥分院党组批复：同意等离子体所党委由霍裕平、邱励俭、邵世举、文忠炎4位同志组成，邵世举同志任党委副书记（报请中科院党组审批），纪委由阎玉林、李向群、张长琦、马国成、鄂茂怀、沈光荣6位同志组成，文忠炎同志任纪委副书记。

关于等离子体物理研究所党委组成的批复

1984年10月4日，中科院党组批复：同意邵世举同志任等离子体所党委副书记。

关于邵世举同志任职的通知

1984年10月4日,中科院同意:邱励俭同志任等离子体所副所长。10月27日,合肥分院党组增补唐功先同志为等离子体所党委委员。

关于邱励俭同志任职的通知

1985年12月3日,中科院同意:万元熙同志任等离子体所副所长。1986年1月14日,合肥分院党组增补万元熙同志为等离子体所党委委员。

1986年7月16日,合肥分院党组增补马国成同志为等离子体所党委委员。

关于万元熙同志任职的通知

三、1986年10月—1991年2月

1986年10月15日,中科院同意:霍裕平同志任等离子体所所长,邱励俭、万元熙、唐功先3位同志任副所长。

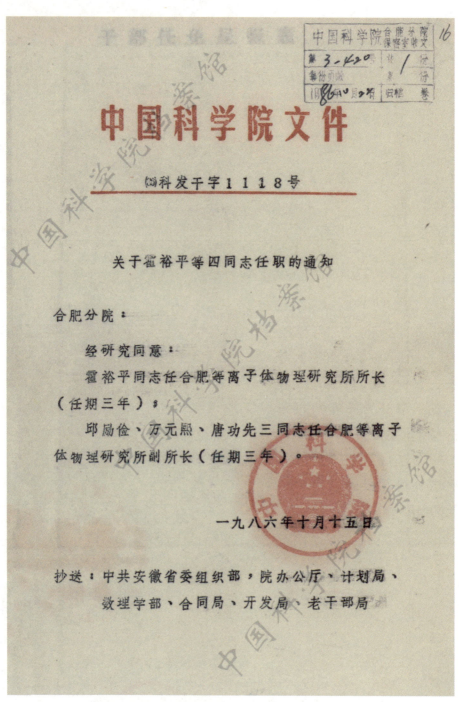

关于霍裕平等四同志任职的通知

1987年1月14日,中科院党组批复:同意王绍虎同志任等离子体所党委副书记。1988年12月26日,中科院决定:王绍虎同志兼任等离子体所副所长。

关于王绍虎等四同志职务任免的通知

关于汤洪高等四同志任职的通知

1990年12月21日,等离子体所委员会召开第二次党员大会,选举产生了第二届所党委和纪委。选出党委委员7名:万元熙、王绍虎、霍裕平、翁佩德、邱励俭、许家治、文忠炎;纪委委员6名:王绍虎、许家治、文忠炎、徐玉珍、张勇、王玉贵。

1991年1月8日,合肥分院党组批复:批准王绍虎同志任等离子体所党委副书记兼纪委书记。

关于等离子体所党委副书记的批复

四、1991年2月—1995年12月

1991年2月26日,中科院同意:霍裕平同志任等离子体所所长(兼,时任合肥分院院长),万元熙、王绍虎(兼,时任等离子体所党委副书记)、邱励俭、翁佩德、胡懋廉5位同志任副所长。

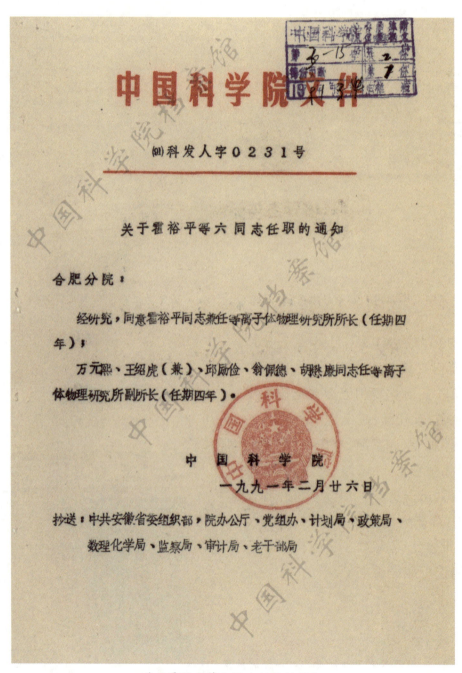

关于霍裕平等六同志任职的通知

1991年7月17日,中科院党组批复:同意王绍虎同志任等离子体所党委书记。

1993年12月8日,中科院同意:谢纪康、任兆杏同志任等离子体所副所长,免去邱励俭、胡懋廉同志副所长职务。

关于王绍虎同志任职的通知

关于谢纪康等同志职务任免的通知

五、1995年12月—2000年5月

1995年12月29日,中科院同意:万元熙同志任等离子体所所长,翁佩德、谢纪康、任兆杏3位同志任副所长。

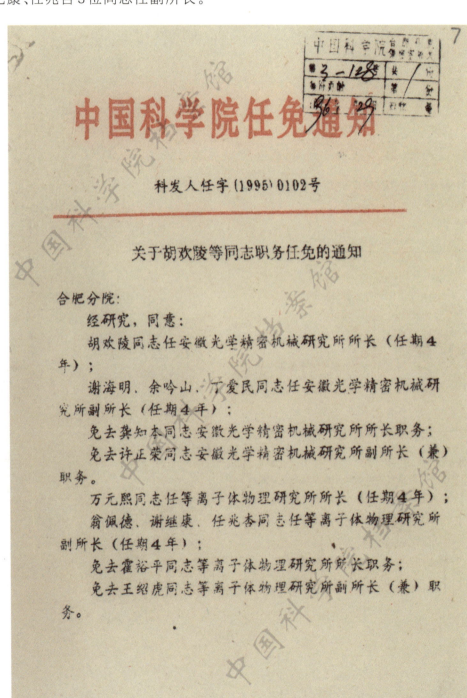

关于胡欢陵等同志职务任免的通知

万元熙 （1939—）江苏南京人。2009年当选中国工程院院士。1985—1995年，任等离子体物理研究所副所长；1995—2000年，任等离子体物理研究所所长。

　　1996年7月18日，等离子体所召开第三届党员大会，大会选举万元熙、王绍虎、翁佩德、谢纪康、邵世田、孙世洪、李建刚7位同志为党委成员。孙世洪、邵世田、董俊国、宁传玉、钱正龙5位同志为纪委成员。9月1日，中科院党组批复：同意王绍虎同志任等离子体所党委书记，孙世洪同志任等离子体所党委副书记兼纪委书记。

（等离子体所 供）

关于王绍虎、孙世洪同志任职的通知

2017年的EAST装置全景图(等离子体所 供)

1998年7月8日，国家发展计划委员会批准立项国家重大科学工程项目"HT-7U超导托卡马克核聚变实验装置"（2003年更名为EAST超导托卡马克核聚变实验装置）。2007年3月1日，"EAST超导托卡马克核聚变实验装置"通过国家验收。2008年7月22日，国家发展改革委批复建设国家重大科技基础设施项目"托卡马克核聚变实验装置辅助加热系统"，项目在已建成的EAST主机基础上，建成了低杂波电流驱动系统和中性束注入加热系统。2015年2月10日，"托卡马克核聚变实验装置辅助加热系统"通过国家验收。

六、2000年5月—2001年11月

2000年5月26日,中科院党组批复:同意王绍虎同志任等离子体所党委书记(兼,时任合肥分院院长),匡光力同志任党委副书记兼纪委书记。5月29日,中科院同意:王绍虎同志任等离子体所所长,虞清泉、李建刚、匡光力(兼,时任所党委副书记)、孙世洪4位同志任副所长。

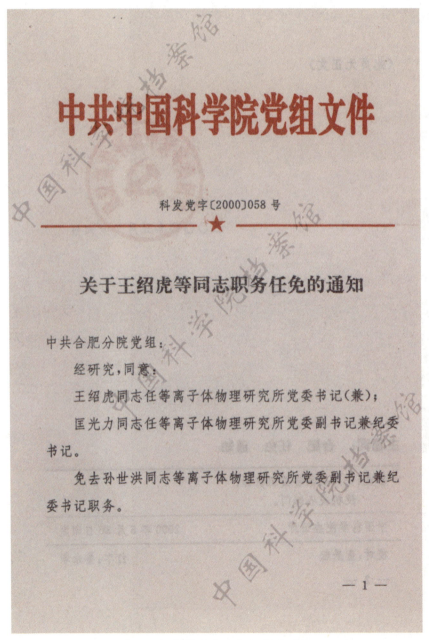

关于王绍虎等同志职务任免的通知

2000年8月30日,等离子体所召开第四届党员大会,进行了党委和纪委的换届选举,王绍虎同志任等离子体所党委书记(兼,时任合肥分院院长),匡光力同志任党委副书记兼纪委书记。王绍虎、匡光力、李建刚、孙世洪、张晓东、何建军、张英7位同志当选为党委成员。匡光力、宁传玉、邱宁、钱正龙、吴李君5位同志当选为纪委成员。

关于王绍虎等同志职务任免的通知

中国科学院合肥智能机械研究所
(1979—2004)

一、1979年10月—1983年8月

中国科学院合肥智能机械研究所(以下简称"智能所")历史可追溯到1956年,当时称为安徽科学研究所物理室。1958年改为中科院安徽分院。1962年,根据中央关于"调整、巩固、充实、提高"的方针,在安徽分院电子所、半导体所、陶瓷所的基础上组建成中科院华东自动化元件及仪表研究所,陆续补充了北京自动化所和华北物理所的部分技术力量。1968年为贯彻毛主席关于加强国防科研的"10·25"批示,785厂研究所一个研究室划入,改建为国防科委1123研究所。1970年初,聂荣臻同志的科研政策受到错误批判,全国科研机构遭到严重破坏,1123所也因此被拆分,其中的"高炮指挥仪"项目被迁往山西祁县。其余大部分人员仍留在合肥,后被改组为解放军总后企业部的下属工厂——3609厂。1973年,3609厂转属安徽省电子工业局,改名为安徽无线电厂和安徽无线电研究所(后分别更名为安徽电子计算机厂和安徽电子研究所)。1978年,中科院决定在合肥建立科研、教育基地,拟建中国科学院合肥智能机械研究所。

1979年,经中科院与安徽省讨论,安徽电子研究所大部分人员调回中国科学院,以此为班底成立了智能所。1979年10月22日,合肥分院临时党委书记白学光、副院长蔡承祖来到智能所看望科研人员,并发表了热情洋溢的讲话。

(a)   (b)

1979年10月8日,中科院智能所成立

蔡承祖在讲话中明确指出：1979年10月8日，这一天是科学院和安徽省就成立智能所达成商谈纪要正式打印成文、盖章生效的日子。我们可以把这一天作为智能所正式成立的日子。

关于启用智能所印章的通知

20世纪90年代的智能所科研办公大楼

据《1979年中国科学院独立机构基本情况年报表》介绍，智能所成立时，其领导小组（临时）负责人为龚正服、何文、王创3位同志。

要求恢复自动化研究所的请示报告

一九七九年中国科学院独立机构基本情况年报表

1980年4月28日，合肥分院组织部批复：同意成立智能所临时党委，暂由龚正服、何文、胡曦、刘心楷、孙炜5位同志组成，龚正服同志任临时党委副书记（正处级），并上报安徽省委组织部。

关于成立中共中国科学院合肥智能机械研究所临时委员会的报告

关于龚正服等同志任职的报告

1980年7月28日,合肥分院临时委员会上报安徽省委,拟提升智能所临时党委副书记龚正服同志为司局级。

1981年5月26日,为加强党的领导,促进科研工作发展,合肥分院党组经过研究,拟正式成立合肥智能机械研究所党委,由龚正服、何文、刘心楷、胡曦、孙炜5位同志组成,龚正服同志任副书记,呈文报中科院党组批复。10月7日,中科院党组致函安徽省委组织部,同意成立智能所党委,请安徽省委审批。

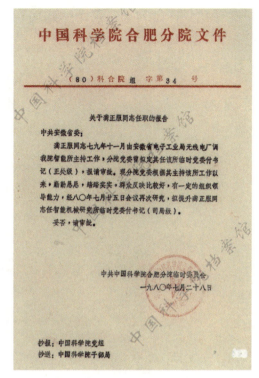

关于龚正服同志任职的报告

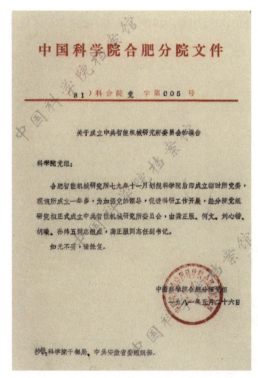

关于成立中共智能机械研究所委员会的报告

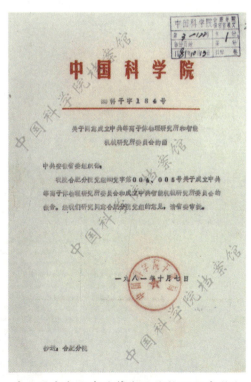

关于同意成立中共等离子体物理研究所和智能机械研究所委员会的函

1981年10月21日,中科院同意:何文同志任智能所副所长。

关于何文同志任职的通知

1981年11月16日,安徽省委组织部经与中科院干部局沟通,并报安徽省委同意将"中国科学院合肥智能机械研究所"临时党委改为"中共中国科学院合肥智能机械研究所委员会"。由龚正服、何文、胡曦、刘心楷、孙炜5位同志组成,龚正服同志任副书记,何文、胡曦、刘心楷、孙炜4位同志为委员。

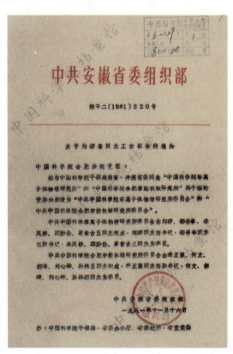

关于刘曙等同志工作职务的通知

二、1983年8月—1987年1月

1983年8月15日,中科院党组批复:同意孙炜同志任智能所党委副书记,陈效肯同志任智能所副所长。11月30日,合肥分院党组批复:同意增补俞克长同志为智能所党委委员。

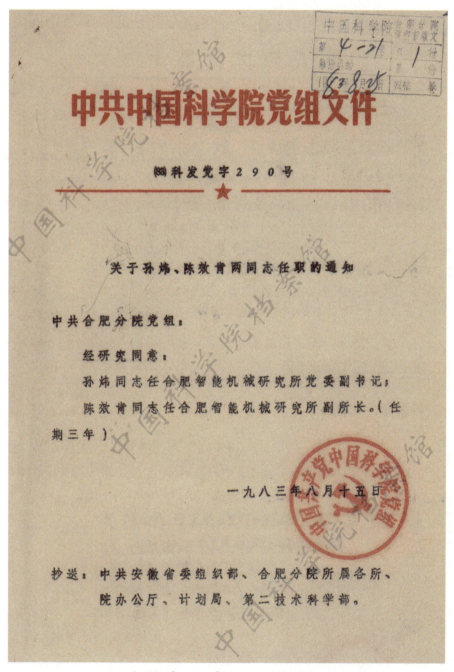

关于孙炜、陈效肯两同志任职的通知

1984年,智能所党员人数到已达51人。同年4月20日,合肥分院党组批复:同意孙炜同志任智能所党委副书记(科学院已批),陈效肯、俞克长、张忠山、邱国赞4位同志为党委委员;孙炜同志兼任纪律检查委员会书记,张忠山、李文卿同志任纪检委员会委员。

1985年5月30日,中科院党组批复:同意张忠山同志任智能所党委副书记。

关于智能机械研究所党委、
纪律委员的批复

关于张忠山同志任职的通知

关于方廷健同志任职的通知

1986年4月7日,中科院同意:方廷健同志任智能所副所长。7月31日,合肥分院党组批复:同意增补方廷健同志为所党委委员,王宏宁同志为纪律检查委员会委员,张忠山同志兼任纪委书记。

三、1987年1月—1991年3月

1987年1月14日,中科院党组批复:同意崔章吉同志任智能所党委副书记。1987年1月16日,中科院同意:方廷健同志任智能所所长,陈效肯同志任副所长。

关于王绍虎等四同志职务任免的通知

关于方廷健等二同志职务任免的通知

1988年2月9日,中科院免去陈效肯同志智能所副所长职务。12月26日,中科院同意:崔章吉同志任智能所副所长。

关于汤洪高等四同志任职的通知

1990年5月22日,中科院党组批复:同意张忠山同志任智能所党委副书记,免去崔章吉同志智能所党委副书记职务。

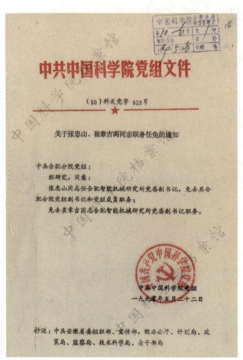

关于张忠山、崔章吉两同志
职务任免的通知

1988年7月,智能所项目"砂姜黑土小麦施肥计算机专用咨询系统"获国家科学技术进步二等奖。[①]

"砂姜黑土小麦施肥计算机专用咨询系统"国家科学技术进步奖获奖证书

[①] 本书仅展示获国家级奖励的证书。

1990年11月3日，智能所党委召开党员大会，选举产生智能所第三届党委和纪委，张忠山、方廷健、张维琦、崔章吉、李文卿5位同志为党委委员；孟宪喜、王亚雄同志为纪委委员。张忠山同志全面负责党委工作并兼任纪委书记。

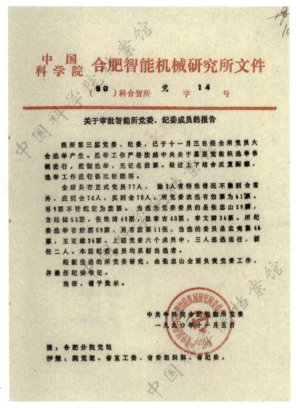

关于审批智能所党委、纪委成员的报告

1990年12月31日，中科院党组批复：同意张忠山同志任智能所党委副书记兼纪委书记。

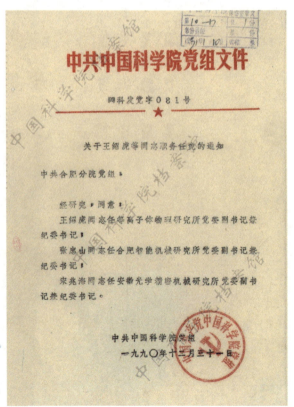

关于王绍虎等同志职务任免的通知

四、1991年3月—1994年3月

1991年3月25日,中科院同意:方廷健同志任智能所所长,崔章吉同志任副所长。

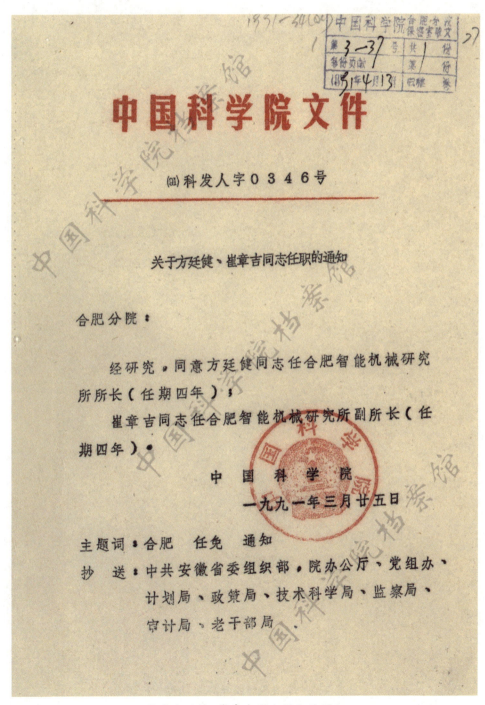

关于方廷健、崔章吉同志任职的通知

1993年3月29日，中科院党组批复：同意张忠山同志任智能所党委书记。

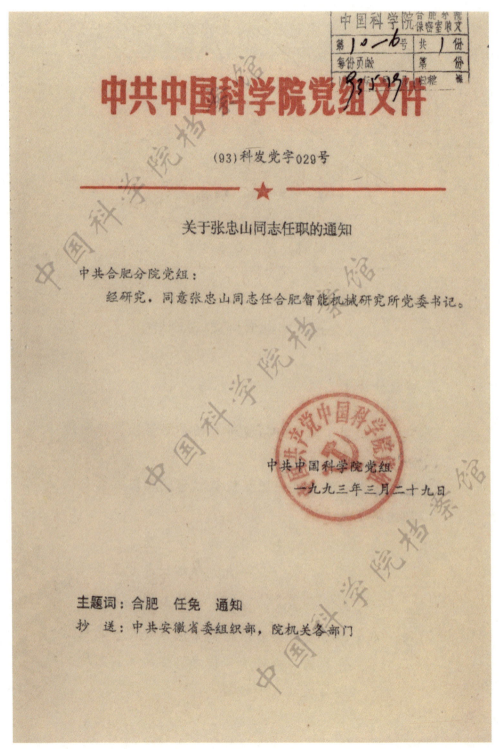

关于张忠山同志任职的通知

五、1994年3月—1999年5月

1994年3月25日,中科院同意:方廷健同志任智能所所长,汝金超同志任副所长。中科院党组批复:同意汝金超同志任智能所党委副书记,免去张忠山同志所党委书记职务。

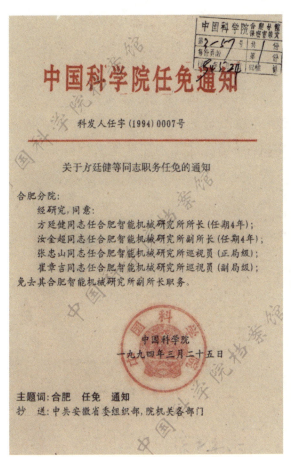

关于方廷健等同志职务任免的通知

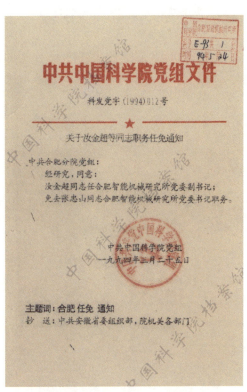

关于汝金超等同志职务任免的通知

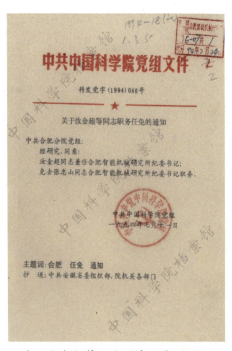

1994年7月11日,中科院党组批复:同意汝金超同志兼任智能所纪委书记。

1996年6月6日,智能所党委召开所党委、纪委换届选举党员大会。汝金超、方廷健、伍先达、戈瑜4位同志当选党委委员;汝金超、孟宪喜、王亚雄3位同志当选纪委委员,汝金超同志主持党委和纪委工作。

关于汝金超等同志职务任免的通知

1996年8月2日,中科院党组批复:同意汝金超同志任智能所党委副书记兼纪委书记。1997年6月23日,中科院同意:伍先达同志任智能所副所长。

关于单文钩、汝金超同志任职的通知

关于伍先达同志任职的通知

1996年12月，智能所项目"施肥专家系统"获国家科技进步三等奖。

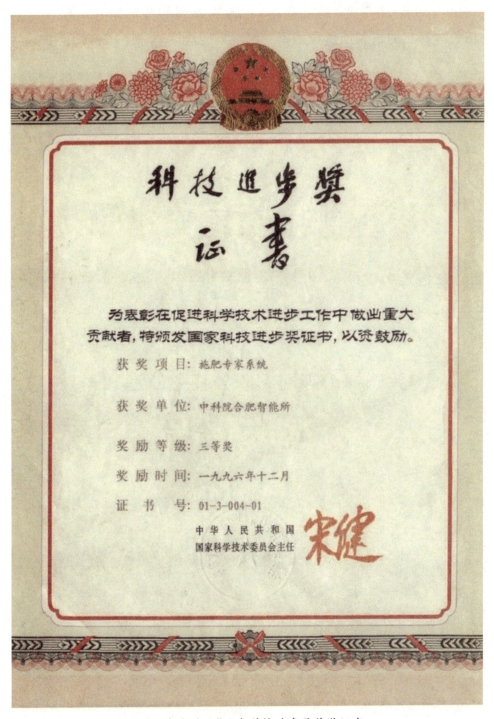

"施肥专家系统"国家科技进步奖获奖证书

六、1999年5月—2004年4月

1999年5月26日，中科院同意：梅涛同志任智能所常务副所长（主持工作），伍先达（兼，时任智能所党委副书记）、刘锦淮同志任副所长。

关于梅涛等同志职务任免的通知

1999年5月26日,中科院党组批复:同意伍先达同志任智能所党委副书记(主持工作)。

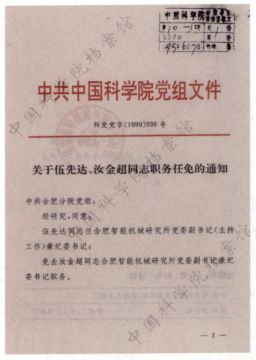

关于伍先达、汝金超等同志职务任免的通知

2000年6月15日,智能所召开党员大会进行所党委、纪委换届选举。刘锦淮、伍先达、梅涛、李锋、张维农5位同志当选为党委委员,王亚雄、孟宪喜同志当选纪委委员。6月19日,召开第一次党委会议,选举伍先达同志为党委副书记兼纪委书记。

2000年8月8日,中科院党组批复:同意伍先达同志任智能所党委副书记兼纪委书记。

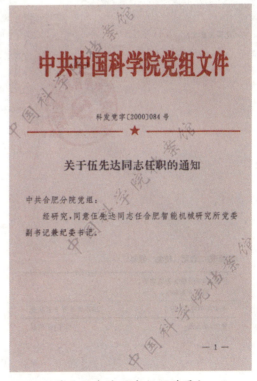

关于伍先达同志任职的通知

中国科学院固体物理研究所
(1978—2001)

一、1978年9月—1986年10月

1978年4月,国务院批准建立合肥科研、教育基地和成立中科院合肥分院,计划8年内在合肥建立一个以基础科学和新兴科学技术为主的综合性科研教育基地。拟新建等离子体物理(受控热核反应,编者注)研究所、固体物理研究所、智能机械研究所、金属腐蚀和防护研究所、科学仪器工厂、计算站6个科研生产服务单位。其中固体物理研究所侧重固态物质的物理性质、微观结构、原子和电子运动规律与相互作用等基础研究,并着重关注国民经济和国防现代化中提出的有关固体物理的重大实验和理论课题。

1978年9月8日,中国科学院成立合肥固体物理研究所(以下简称"固体所")筹建组。在《关于合肥固体物理研究所筹建工作的意见》中,中科院认为合肥固体物理所应同物理所、中国科学技术大学二系作为一个整体考虑,有关的大型先进设备将置于合肥基地,逐步在合肥建成我国现代化的固体物理学术交流中心。

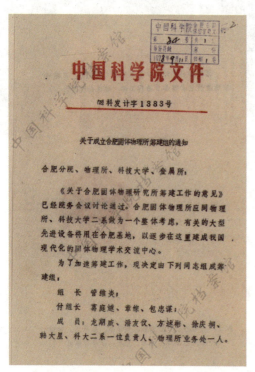

关于成立合肥固体物理所筹建组的通知

合肥固体物理研究所筹建组成员如下:

组　　长:管惟炎
副组长:葛庭燧、章综、包忠谋
成　　员:龙期威、潘友仕、方述彬、徐庆桐、韩大星、中国科大二系一位负责人、物理所业务处一人

1978年9月13日,中科院决定从有关省、市选调一批科研技术骨干去固体所工作,加快固体所的建设进程,调入人员由固体所筹建组审定。

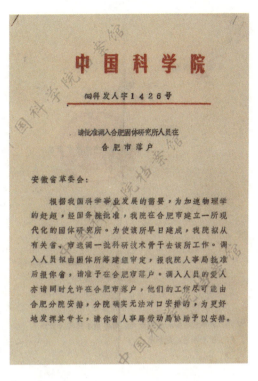

请批准调入固体所人员在合肥市落户

1978年10月6日—7日,固体所筹建组在北京召开了第一次扩大会议,钱三强副院长、邓述慧、甘柏、钱临照、管惟炎、葛庭燧、章综等同志参加了本次会议,计划局、二局和院设计室也都派人参会。

转发合肥固体所筹建组第一次会议　　合肥固体物理所筹建组第一次会议
　　　　（扩大）纪要的通知　　　　　　　　　　（扩大）纪要

报送《关于组建合肥固体物理研究所的意见》

关于组建合肥固体物理研究所的意见

会议建议11月1日前在北京物理所设立"固体所筹建办公室"。在物理所党委领导下,由物理所党委委员、所负责人章综同志主持日常的筹建工作。办公室人员包括物理所2人、院计划局、二局、金属所、中国科大各1人。会议决定,筹建组工作一段时间后,应在合肥设立相应的筹建办公室。

1979年6月27日,合肥分院向中科院报送《关于组建合肥固体物理研究所的意见》。意见提出改建董铺岛上三号楼(面积约9000平方米)作为固体所的科研用房。固体所所部和实验室应建在岛上,这样可以就近利用等离子体所和安光所的强脉冲放电、强磁场、低温等极端条件以及镀膜、晶体生长、激光技术、机械加工设备及技术等进行协作,并与中国科大一起,逐步建立过去周恩来总理曾批准中科院建立的"技术物理中心"。

1979年11月8日,固体所筹建组向中科院计划局、二局、基建局递交《关于撤销合肥固体物理研究所筹建组正式成立固体物理研究所的报告》。报告指出,筹建组在物理所党委的领导下,由物理所、科技大学、金属所、合肥分院有关同志参加,经过一年多的工作,制订了建所计划任务书(草),调入了十几名科研骨干,并由物理所代培了10名研究生,研究所方向任务基本明确,所领导班子和科研骨干队伍初步形成,关于领导体制及建所地址问题也取得了一致意见,成立固体物理所的条件已经成熟。

关于撤销合肥固体物理研究所筹建组正式成立固体物理研究所的报告

1980年5月16日,中科院正式启用"中国科学院合肥固体物理研究所筹备组"印章。

启用印章的通知

1980年7月28日，中科院合肥分院和中科院请示成立"固体物理研究所筹建领导小组"，建议领导小组由葛庭燧、蔡承祖、凌汉如、钟琪、龙期威、中国科大和北京物理所各一名同志组成，共7位同志。

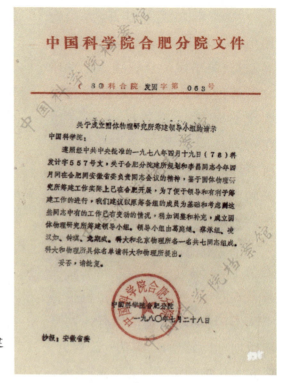

关于成立固体物理研究所筹建领导小组的请示

1980年12月26日，中科院决定成立"中国科学院固体物理研究所筹建组"。中国科学院固体物理研究所筹建组成员如下：

组长：葛庭燧

组员：蔡承祖、包忠谋、章综、龙期威、钟琪、南鸿斌、方述彬、张立德、邹力、王遂德

秘书：南鸿斌（兼）、方述彬（兼）、张立德（兼）

1981年11月11日，固体所筹建组组长葛庭燧向中科院报送了《关于正式成立中国科学院固体物理研究所的请示报告》。报告指出，经过一年多的国内外的考察了解，基本确定了固体所的方向任务，即研究表面态、分子态、玻璃态、缺陷态、内耗与超声衰减、同步幅射在固体物理上的应用等；目前内耗实验室、电镜实验室正在建设，金属玻璃实验室开始筹建；现有职工33人，其中助研以上人员12人、技术系统人员8人、业务行政管理人员13人，预计到1981年底，助研以上人员达22人、技术系统人员15人、业务行政管理人员13人，其中专职和兼职的副研以上研究人员达7—8人。因此原有筹建组管理模式已不能适应工作的进一步发展，特请示正式成立固体所。

1981年12月，合肥分院党组决定成立固体所党的领导小组，葛庭燧同志任组长，下设党、政和业务3个组，为正式建所打下基础。

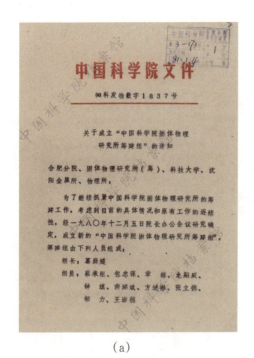 

(a)   (b)

关于成立"中国科学院固体物理研究所筹建组"的通知

1982年2月21日,合肥分院党组向中科院党组就固体所体制问题提出意见,建议正式建所后设所长、党委书记和党、政、科研3个办事机构,不设行政和业务副所长,所长由合肥分院副院长葛庭燧同志兼任。

关于正式成立中国科学院固体物理研究所的请示报告   关于中国科学院固体物理研究所体制的意见

1982年3月19日,中科院正式成立固体所。1982年6月3日,正式启用"中国科学院固体物理研究所"印章。

1982年3月19日,中国科学院固体物理研究所成立

启用固体所印章的通知

20世纪90年代的固体所主楼(三号楼)(固体所综合办 供)

1982年6月25日,合肥分院党组同意固体所成立办事组、政治工作组和业务组3个工作小组。董泽民同志任办事组组长(正处级),朱光同志任政治工作组组长(正处级),张立德同志任业务组负责人,方述彬同志任业务组副组长(副处级)。

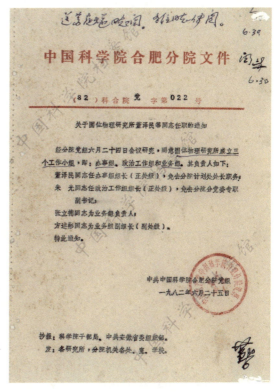

关于固体物理研究所董泽民等
同志任职的通知

1982年11月23日,合肥分院党组批复:同意王公达同志任固体所所长助理(正处级)。

关于王公达同志工作职务的通知

1983年5月10日,中科院党组批复:同意葛庭燧同志任固体所所长。

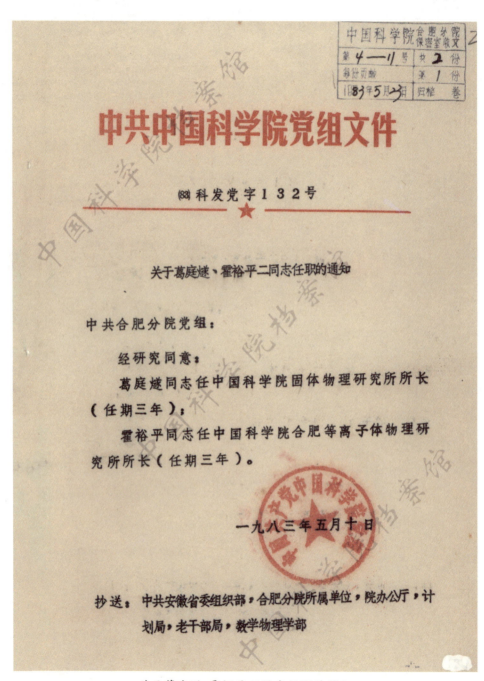

关于葛庭燧、霍裕平二同志任职的通知

1947年7月,葛庭燧(左一)与叶笃正在芝加哥

葛庭燧 (1913—2000)山东蓬莱人。国际上滞弹性内耗研究领域创始人之一。首创了"葛氏扭摆"。1955年当选中国科学院学部委员,固体物理研究所创建人,1983—1986年,任固体物理研究所所长;1980—1983年,任合肥分院副院长。

1983年7月23日,安徽省委组织部批复:同意成立中国共产党固体物理研究所委员会。

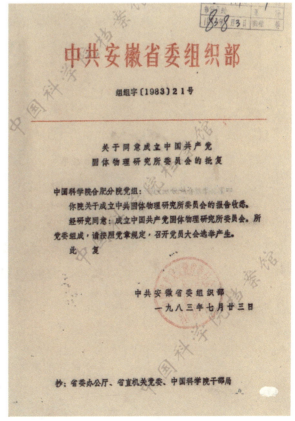

关于同意成立中国共产党固体物理研究所委员会的批复

1983年9月15日,中科院党组批复:同意姚民军同志任固体所党委书记。

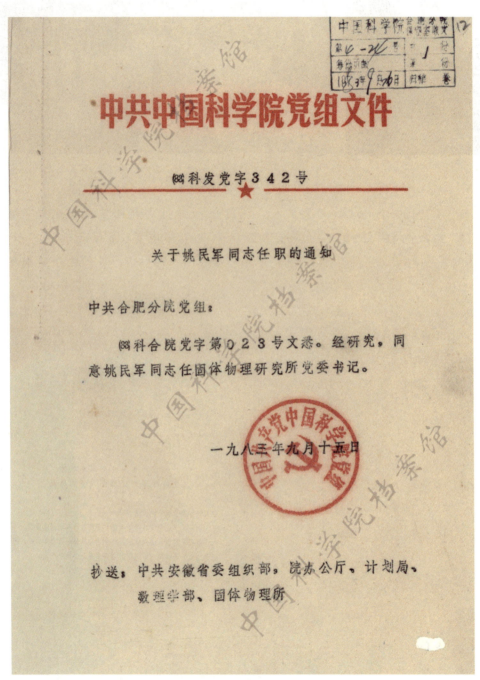

关于姚民军同志任职的通知

1984年3月14日,固体所召开第一次党员大会,固体所33名党员中的31名参加了该次会议,姚民军、葛庭燧、王公达、崔平、姜文学5位同志当选为第一届党委委员,姚民军同志任固体所党委书记。

1984年4月20日,合肥分院党组批复:同意固体所党委委员选举结果。

关于固体物理研究所党委委员的批复

1985年5月30日,中科院同意:吴希俊同志任固体所副所长。12月3日,合肥分院党组批复:同意增补吴希俊同志为固体所党委委员。

关于吴希俊同志任职的通知

二、1986年10月—1991年1月

1986年10月27日,中科院同意:葛庭燧同志任固体所名誉所长,免去其固体所所长职务,吴希俊、董远达同志任固体所副所长;吴希俊同志主持全所工作。

关于葛庭燧等三同志职务任免的通知

1987年1月10日,固体所党委决定成立固体所纪律检查委员会,姚民军、吴希俊、王公达、方述彬、张九如5位同志为纪委委员,姚民军同志任纪委书记,王公达同志任副书记。

关于成立中共中科院固体物理研究所纪律检查委员会通知

1990年3月23日,中科院党组批复:同意张长琦同志任固体所党委副书记。

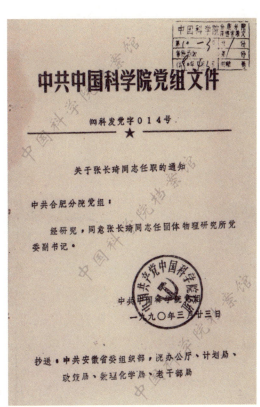

关于张长琦同志任职的通知

三、1991年1月—1995年3月

1991年1月4日,中科院同意:戚震中同志任固体所副所长(主持全所工作),免去吴希俊、董远达同志副所长职务。2月26日,中科院同意:张立德同志任固体所副所长。

关于戚震中等三位同志职务任免的通知

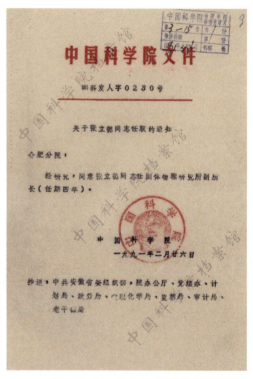

关于张立德同志任职的通知

1991年1月4日,固体所党委召开党员大会,选举第二届所党委和纪委,张长琦、张立德、戚震中、崔平4位同志当选为固体所党委委员,李宗全、李家明同志当选纪委委员。

1991年1月8日,合肥分院党组批复:同意固体所党委选举结果。1月26日,中科院党组免去姚民军同志固体所党委书记兼纪委书记职务。

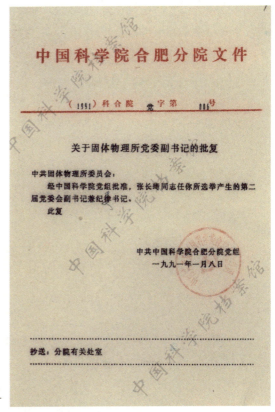

关于固体物理所党委副书记的批复

1991年3月28日,中科院党组批复:同意张长琦同志任固体所党委副书记兼纪委书记。1994年7月11日,中科院免去戚震中同志固体所副所长职务。

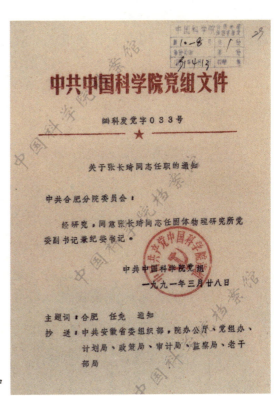

关于张长琦同志任职的通知

四、1995年3月—2000年1月

1995年3月8日,中科院同意:张立德同志任固体所所长,崔平同志为副所长。

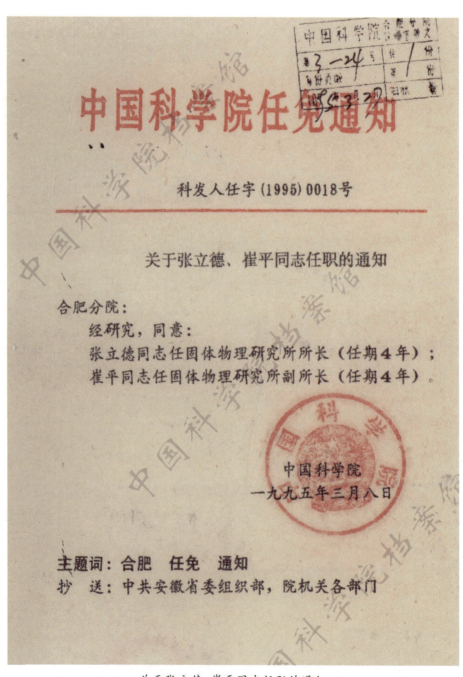

关于张立德、崔平同志任职的通知

1996年7月1日,固体所党委召开党员大会,选举第三届所党委和纪委,张立德、秦勇、孙玉平、单文钧、李健5位同志当选党委委员,单文钧、李家明、姚盛3位同志当选纪委委员。

1996年8月2日,中科院党组批复:同意单文钧同志任固体所党委副书记兼纪委书记。9月2日,合肥分院党组免去张长琦同志固体所党委副书记兼纪委书记职务。

1998年12月30日,合肥分院党组批复:同意增补崔平同志为固体所党委委员。

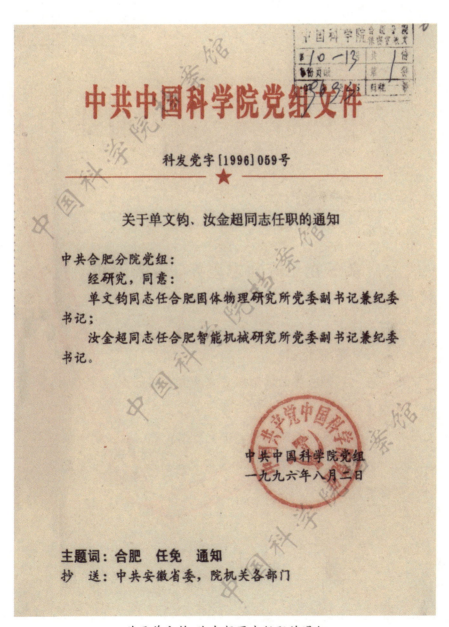

关于单文钧、汝金超同志任职的通知

五、2000年1月—2001年11月

2000年1月13日,中科院同意:崔平同志任固体所常务副所长(主持工作),单文钧同志任副所长,免去张立德同志固体所所长职务。

关于崔平等同志职务任免的通知

2000年12月15日,固体所党委召开党员大会,进行所党委、纪委换届选举,崔平、孙玉平、单文钧、李家明、方前锋5位同志当选为第四届党委委员。单文钧、吴四发、王惠莉3位同志当选为第四届纪委委员,选举单文钧同志为党委副书记兼纪委书记。

2001年1月21日,中科院党组批复:同意单文钧同志任固体所党委副书记兼纪委书记。

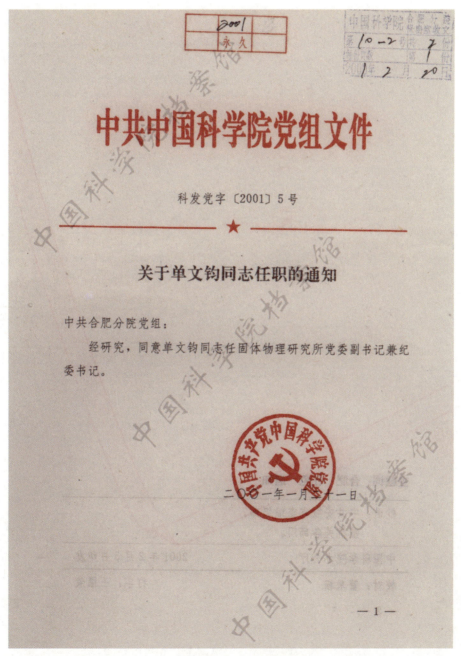

关于单文钧同志任职的通知

第五篇 合肥研究院时期（2001—2021）

2000年3月15日,《科学岛》报刊载合肥分院1999年工作总结,题为"强化改革、创新意识,推进科学岛建设"。文中指出:1998年,中国科学院安光所、等离子体所、固体物理研究所完成分类定位后,合肥分院围绕各所发展,开始谋划如何进一步根据国家需求、凝练科技创新目标、推进学科创新,争取进入中科院二期创新工程。

1999年1月,合肥分院组织各研究所经过认真讨论研究,制订了《科学岛发展建设纲要(建议稿)》并上报中科院,提出将科学岛建设成21世纪我国重要的科学城之一的设想,规划了科学岛战略目标、发展模式、科研体制和运行机制。

2000年3月15日的《科学岛》报

1999年8月,中科院在第二期知识创新工程框架构想中,提出了合肥科教基地及科学岛的建设问题。合肥分院积极组织各研究所深入学习江泽民总书记关于科学岛实施知识创新工程试点的批示和路甬祥院长的重要讲话,帮助广大干部群众提高认识,转变观念,解放思想。11月初,合肥分院组织各研究所领导、相关处长集中研讨,围绕科研目标的凝练、后勤改革、高技术产业化、园区建设四大问题进行了深入的讨论,形成了《中国科学院合肥科教基地及科学岛发展规划建议材料》上报中科院领导。

2000年4月26日—27日,中科院副院长白春礼、江绵恒到合肥分院调研。白春礼指出,关于科学岛的发展,中科院考虑将科学岛办成院知识创新工程,在体制创新、机制创新、科教紧密结合几方面都成为示范的基地。我们要站在国家的高度来思考发展问题:考虑科学目标不仅仅限于岛内;考虑运行体制、机制如何进行创新;岗位设定后,竞争上岗,要面向全国,开放流动。科学岛完全有条件建设成目标创新、体制机制创新以及科教结合的示范性基地。如果江泽民总书记再来科学岛时,这里的环境将更美好,将有更高的起点,这是院里的希望与要求。江绵恒副院长称赞科学岛是搞科研难得的一块宝地,他完全赞同白春礼副院长关于将科学岛建成目标创新、体制机制创新的示范性基地的意见。

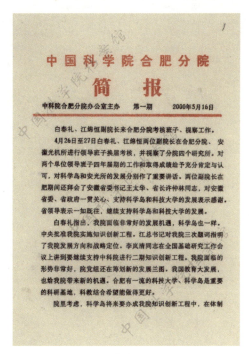

(a)　　　　　　　　　　(b)

中国科学院合肥分院简报(第一期)

(胡海临 摄)

2000年7月7日,合肥分院院长办公会确定下半年主要工作是继续推进科学岛整体进入中科院二期创新工程,由院长谢纪康主抓和协调这项工作。

2000年8月31日,合肥分院院长办公会就申请进入中科院二期创新工程的体制、学科布局、人员、经费问题进行了讨论,初步确定了以体制一体化为重点的一步到位的申请方案。

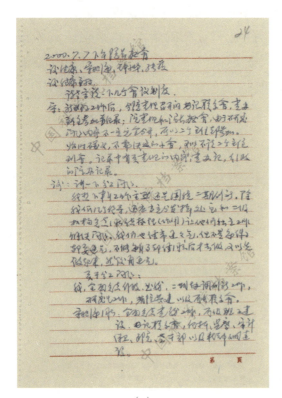

(a)

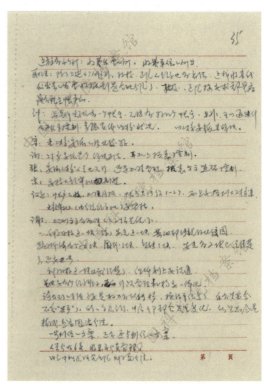

(b)

2000年7月7日合肥分院院长办公会记录

规划科学岛发展,争取进入中科院二期创新工程,是2000年合肥分院工作的重点。整个科学岛上下同心,在合肥分院领导和合肥分院有关部门的直接指导下,召开了十几次分院及所级干部会议,大家共同酝酿,统一思想,达成共识。进一步研究和规划科学岛科研基地的定位与特色、科学目标的凝练、体制和机制的创新、人才与教育、园区建设、省院共建和产业化等,并对创新工程的经费进行了测算。经过大半年艰苦、紧张的工作,期间多次与中科院有关领导和业务部门共同研讨、论证并征求方方面面的意见,数易其稿,在2000年11月形成了科学岛科研基地的《知识创新工程实施方案》初稿,上报给中科院,为科学岛进入中科院二期创新工程试点做好前期准备工作。

2000年11月3日,合肥分院党组会决定成立科学岛现代科学技术研究院筹备组,并报请科学院批准。白春礼副院长建议科学岛现代科学技术研究院筹备组领导及成员由合肥分院领导和岛上各研究所领导组成。具体名额分配如下:合肥分院领导4名,等离子体所主要党政领导2名,安光所主要党政领导2名,固体所主要党政领导2名,智能所主要党政领导2名,筹备组设正副组长各1名。

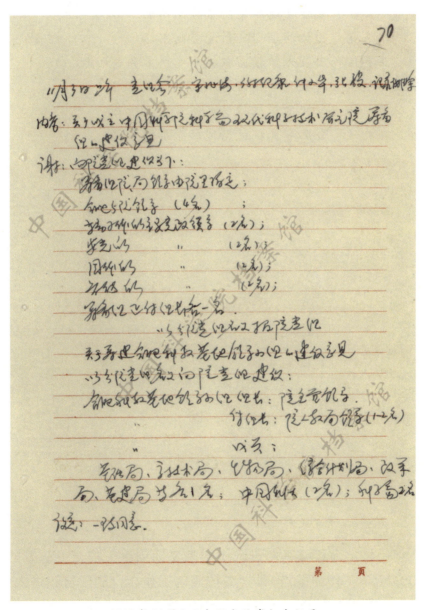

2000年11月3日合肥分院党组会记录

2001年2月9日,中科院人事教育局发文确定成立科学岛研究院筹备工作小组,文中明确了科学岛研究院筹备工作小组的主要任务和组成人员。

组　　长：谢纪康　合肥分院院长
副组长：宋兆海　合肥分院党组书记
成　　员：钟小华　合肥分院副院长
　　　　　张　毅　合肥分院副院长
　　　　　王绍虎　等离子体物理研究所所长、党委书记
　　　　　李建刚　等离子体物理研究所副所长
　　　　　崔　平　固体物理研究所常务副所长
　　　　　单文钧　固体物理研究所党委副书记
　　　　　王英俭　安徽光学精密机械研究所常务副所长
　　　　　丁爱民　安徽光学精密机械研究所党委书记
　　　　　梅　涛　合肥智能机械研究所常务副所长
　　　　　伍先达　合肥智能机械研究所党委副书记

(a)

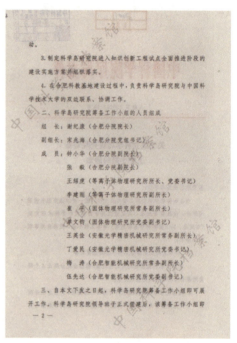
(b)

关于成立科学岛研究院筹备工作小组的通知

　　2001年是科学岛科研基地进入中科院二期创新工程至关重要的一年，是科学岛2001全年工作的重点，科学岛按照院工作会议的部署和进入中科院二期创新工程的各项要求，全力做好这方面的工作。

　　筹备工作小组在2000年底形成的合肥科教基地规划及科学岛科研基地"知识创新工程实施方案"初稿的基础上，进一步研究和规划了科学岛科研基地的定位与特色、科学目标凝练、体制和机制的创新、人才与教育、园区建设、产业

化、创新工程经费测算等,形成了中国科学院合肥科教基地暨科学岛现代科学技术研究院(暂定名)知识创新工程试点方案,并上报给中科院。

2001年4月,中科院相关业务局对科学岛的知识创新工程试点方案进行了全面评估审核。4月25日,基础科学局认为科学岛研究院的知识创新试点工作方案已具备进入院创新试点的条件;4月28日,人事教育局核准了科学岛研究院创新与管理岗位职数;4月30日,综合计划局核定了科学岛研究院创新经费额度。

2001年5月8日,中科院主管副院长白春礼同意将科学岛研究院"知识创新工程试点工作方案审查意见书"提交院长办公会讨论。

5月11日,中科院第六次院长办公会议审议并原则通过了"中国科学院合肥科教基地暨科学岛现代科学技术研究院(暂定名)知识创新工程试点方案",会议主要结论包括:

1."科学岛现代科学技术研究院"(暂定名)的名称需进一步研究确定。

2."科学岛现代科学技术研究院"(暂定名)为法人单位,成立后,撤销等离子体所、安光所、固体物理研究所、智能所的法人地位,这四个所作为"科学岛现代科学技术研究院"(暂定名)的学术组织单元,保留所的名称;撤销合肥分院。

3.整合后进入创新试点序列科研与管理岗位聘任人员需进一步核定,创新试点经常性经费核定为5650万元／年,"十五"期间的基本建设费用另核。

4.内部机构设置不尽合理,要进一步研究确定。

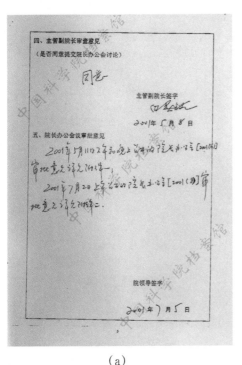

(a)

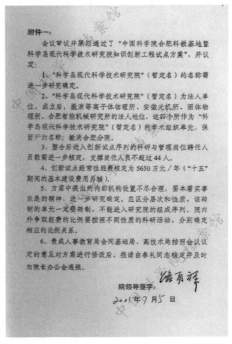

(b)

院长办公室审批意见及附件

这次院长办公会为推动科学岛进入中科院二期创新工程迈出了关键的一步。

随后,科学岛研究院筹备工作小组成立了几个专业组,分别由合肥分院和各所领导牵头,制定知识创新方案各个方面的具体实施办法。随后又举办了合肥分院和各所处以上干部参加的"科学岛创新研讨班",并邀请上海生命科学院的领导介绍经验,就实施科学岛知识创新方案探讨方法,统一思想,形成共识。

2001年6月18日,科学岛研究院筹备组、合肥分院党组向中科院党组建议成立合肥科学岛研究院领导小组,领导小组作为院授权的临时机构,工作至科学岛研究院领导班子正式成立为止。

组　　长：谢纪康　合肥分院院长、筹备组组长
副组长：宋兆海　合肥分院党组书记、筹备组副组长
成　　员：王绍虎　等离子体所所长、党委书记、筹备组成员
　　　　　王英俭　安光所常务副所长、筹备组成员
　　　　　崔　平　固体所常务副所长、筹备组成员
　　　　　梅　涛　智能所常务副所长、筹备组成员
　　　　　钟小华　合肥分院副院长、筹备组成员

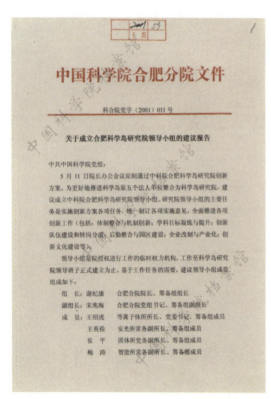
(a)

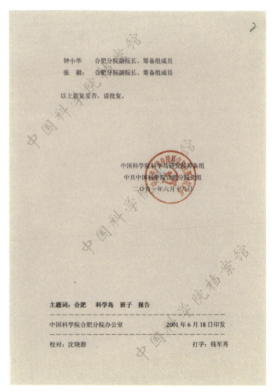
(b)

关于成立合肥科学岛研究院领导小组的建议报告

2001年7月18日,中科院批准合肥科学岛园区总体规划,同意科学岛总体规划的功能分区、道路系统、绿化系统、市政管网系统布置以及规划中的各项经济技术指标。全岛总用地130万平方米(30线以上),总建筑面积控制在45万平方米以内,建筑密度11.5%,容积率0.33,绿化率75%。

2001年7月20日,中科院第八次院长办公会议听取了白春礼副院长关于合肥科学岛研究院创新试点方案修改情况的通报,原则同意所提修改意见,并议定:

1. 该院定名为"中国科学院合肥研究院"。
2. 该院进入创新试点序列的岗位聘任人员核定为597人。
3. 院外争取经费与院拨经费之比,安光所应高于6:4,智能所应高于7:3,等离子体所应高于3:7,固体物理研究所应高于4:6,强磁场科学技术中心应高于3:7。

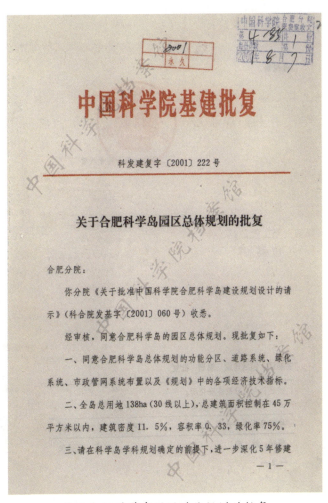

关于合肥科学岛园区总体规划的批复

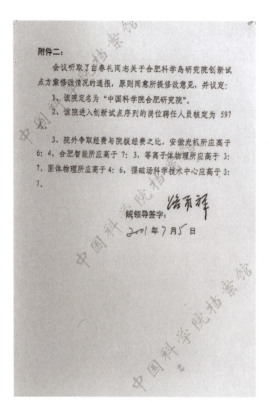

路甬祥院长批准了会议通过的合肥科学岛研究院创新试点方案,至此,科学岛正式进入中科院二期创新工程序列。

关于合肥科学岛研究所创新试点方案的批复

2001年9月上旬,基础科学局和综合计划局分别核准了合肥研究院《知识创新工程试点工作任务书》;9月17日,中科院批准了合肥研究院《知识创新工程试点工作任务书》。

(a)

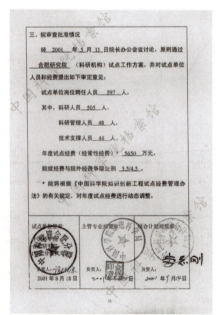

(b)

知识创新工程试点工作任务书

曾经的科学岛南大门（宋兆海 摄）

2008年1月13日，胡锦涛总书记视察合肥研究院。

2011年4月9日，中共中央政治局常委、国家副主席习近平视察合肥研究院EAST装置。

2001—2005

一、领导班子(2001年11月—2005年1月)

2001年11月12日,中科院决定:谢纪康同志任合肥研究院(暂定名)院长,崔平、匡光力(兼,时任合肥研究院党委副书记)、王英俭、张毅4位同志任合肥研究院副院长。中科院党组决定:宋兆海同志任合肥研究院(暂定名)党委书记,匡光力同志任合肥研究院党委副书记,崔平同志任合肥研究院纪委书记(兼合肥研究院副院长)。

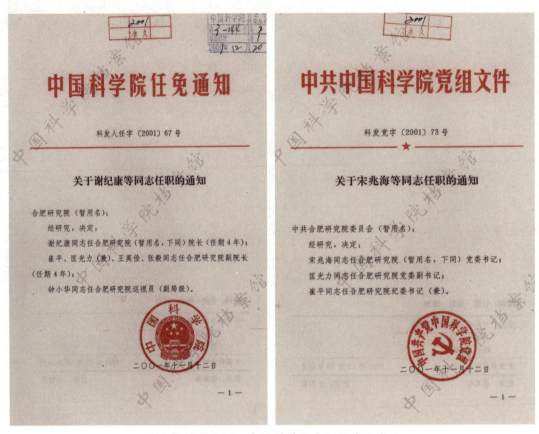

2001年11月12日,中国科学院合肥研究院成立

2001年12月19日,中科院党组副书记郭传杰一行专程来到科学岛宣布"中国科学院合肥研究院(暂定名)"领导班子名单,并就研究院的工作和科学岛的未来发展作重要讲话,这标志着合肥研究院知识创新工程试点方案已进入实施阶段。至此,合肥研究院已经完成筹建阶段,进入发展阶段。

中科院合肥研究院成立后,对科学岛上的科研机构从体制和机制上进行了整合创新,中国科学院安徽光学精密机械研究所、中国科学院等离子体物理研究所、中国科学院固体物理研究所在延续原机构名不变的情况下,成为中国科学院合肥研究院下属科研单元。

中国科学院合肥研究院成立
(左起:张毅、崔平、宋兆海、谢纪康、匡光力、王英俭)

2002年1月16日,中科院同意合肥研究院成立临时党委、纪委。临时党委由宋兆海、谢纪康、崔平、匡光力、王英俭、张毅、丁爱民、单文钧、王绍虎、李建刚、钟小华11位同志组成。临时纪委由崔平、王安、匡光力、单文钧、钟小华5位

同志组成。临时党委、纪委工作一段时间,待研究院党组织体制理顺后,再正式选举产生新一届研究院党委、纪委。

关于同意合肥研究院成立临时党委、纪委的复函

2002年5月8日,合肥研究院将《关于"合肥分院"更名为"合肥物质科学研究院"的请示》报送给中科院人教局,请示将"合肥分院"更名为"合肥物质科学研究院"。

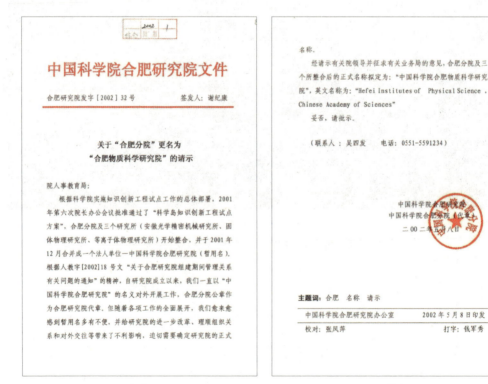

(a)　　　　　　　　　　　　　(b)

关于"合肥分院"更名为"合肥物质科学研究院"的请示

2002年12月16日,合肥研究院召开第一次党代会,宋兆海代表临时党委、崔平同志代表临时纪委分别作了工作报告,160名代表出席会议,选举产生了研究院第一届党委委员和纪委委员。匡光力、谢纪康、崔平、李建刚、张毅、王英俭、宋兆海、丁爱民、方前锋、谢德余、张为俊11位同志当选为研究院党委委员;崔平、罗小喜、孙世洪、吴四发、刘建国5位同志当选为研究院纪委委员。

2003年1月29日,中科院党组批复:决定宋兆海同志任党委书记,匡光力同志任党委副书记,崔平同志任纪委书记(兼,时任研究院副院长)。

2003年5月27日,全国人大常委会副委员长、中科院院长路甬祥,院党组副书记郭传杰一行五人视察科学岛,出席了"中国科学院合肥物质科学研究院"成立揭牌仪式。

合肥物质科学研究院揭牌仪式
(前排左起:时任中国科学院院长路甬祥、安徽省副省长张平、合肥研究院院长谢纪康)

2003年5月27日,合肥物质科学研究院成立揭牌仪式合影(宋兆海 供)

2003年6月17日,中央机构编制委员会办公室(以下简称"中编办")批复:中科院合肥分院、等离子体所、安光所和固体所合并为"中国科学院合肥物质科学研究院",事业编制由2261名减为1877名。合肥物质科学研究院的科技目标是:在战略能源、大气光学、新材料、环境科学及相关交叉学科前沿等重要领域,开展基础研究、高技术研究与开发、高级科技人才培养等创新性的工作;着重部署的主要学科方向有:等离子体物理与核聚变、大气光学、纳米科学和材料物理、环境光学和环境监测技术、智能传感系统、离子束生物工程、强磁场科学和技术、低温超导磁体和超导节能技术、应用激光技术等。合并后的中国科学院合肥物质科学研究院,将通过学科布局调整、凝练科技目标、精简机构、统一园区建设和技术保障体系、后勤社会化等措施,增强科技创新能力,推动学科交叉,推动科技事业发展。

2004年5月8日,中科院免去崔平同志合肥物质科学研究院副院长职务。

中国科学院文件

科发人教字〔2003〕167号

关于组建中国科学院合肥物质科学研究院及中国科学院上海原子核研究所名称变更的通知

院属各单位、院机关各部门:

根据中央机构编制委员会办公室《关于中国科学院合肥分院等单位机构编制调整的批复》(中央编办复字〔2003〕49号),现就组建中国科学院合肥物质科学研究院及中国科学院上海原子核研究所更名事宜通知如下:

一、组建中国科学院合肥物质科学研究院

根据我院知识创新工程试点工作的总体部署,经院研究决定并报经中央机构编制委员会办公室批准,将中国科学院合肥分院、中国科学院等离子体物理研究所、中国科学院安徽光学精密机械

— 1 —

中编办关于中国科学院合肥物质科学研究院法人名称的批复

2004年2月22日,合肥市人民政府与中国科学院合肥物质科学研究院召开市院科技合作年会,会议同意在等离子体所附近提供200亩土地用于国际热核聚变实验堆(International Thermonuclear Experimental Reactor,ITER)工程。2005年7月15日,中科院批复:同意合肥研究院在等离子体所附近征用200亩土地,用于开展国际热核聚变实验堆项目的研究和建设相关科研实验用房。自2008年2月开始,ITER CICC穿管线项目、ITER电源实验室、110 KV变电站迁移增容、低温综合工程、超导测试中心实验室、ITER诊断及部件测试研究实验室项目陆续开工建设,并于2021年9月完成验收。

ITER国际区地块图(1)

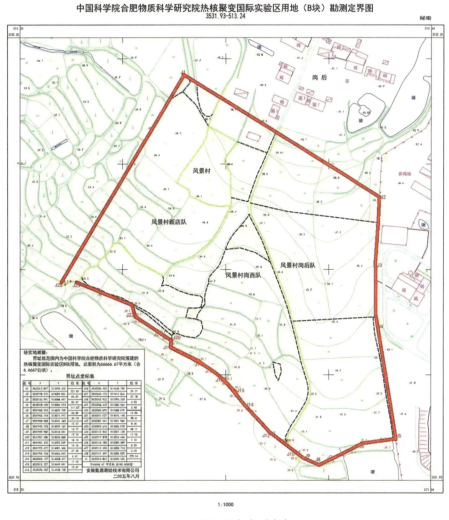

ITER国际区地块图(2)

建成的ITER国际区(胡海临 摄)

二、科研单元

2001年11月12日,中科院决定:李建刚同志任等离子体所所长,王英俭同志任安光所所长(兼,时任合肥研究院副院长),崔平同志任固体所所长(兼,时任合肥研究院副院长、纪委书记)。其他班子成员(整合前的)名单保持不变。

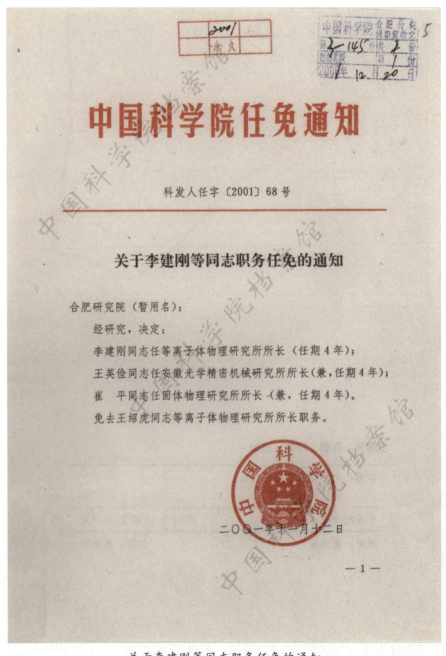

关于李建刚等同志职务任免的通知

（一）安徽光学精密机械研究所（2001年11月—2005年3月）

所领导班子：所长王英俭（兼，时任合肥研究院副院长），党委书记丁爱民，副所长兼副书记王安，副所长余吟山、刘文清。

（二）等离子体物理研究所（2001年11月—2005年3月）

所领导班子：所长李建刚，党委书记王绍虎，副书记兼副所长匡光力（兼，时任合肥研究院副院长、党委副书记），副所长虞清泉、孙世洪。

李建刚 （1961—）安徽庐江人。2015年当选中国工程院院士。2000—2001年，任等离子体物理研究所副所长；2001—2014年，任等离子体物理研究所所长；2005—2014年，任中国科学院合肥物质科学研究院副院长（兼中国科学技术大学副校长）。

（赵丹 摄）

（三）固体物理研究所（2001年11月—2004年9月）

所领导班子：所长崔平（兼，时任合肥研究院副院长、纪委书记），党委副书记兼副所长单文钧。

由于崔平同志调离研究院，另有任用，2004年9月3日，中科院同意：蔡伟平同志任固体所常务副所长（主持工作）。

2004年9月3日，中科院同意：蔡伟平同志任固体物理研究所常务副所长（主持工作），9月25日，合肥研究院决定：单文钧同志任党委副书记兼副所长，王玉琦同志任副所长。

关于蔡伟平同志任职的通知　　　　关于蔡伟平等同志任职的通知

（四）合肥智能机械研究所（2004年4月—2005年3月）

2004年4月16日，中科院正式批复合肥智能机械研究所（以下简称"智能所"）创新试点方案，原则同意智能所提出的创新工程实施方案和总体目标，即面向先进制造、国家安全和数字农业领域的国家需求和科学发展趋势，在仿生感知机器人、数字农业信息系统、特种微纳米传感器与安全监控系统、智能控制与管理技术应用系统等方面做出基础性、战略性、前瞻性贡献；主要研究领域确定为仿生感知与智能，包括仿生感知与控制、智能信息系统两个研究方向。

智能所创新体制纳入合肥物质科学研究院的总体框架之中，创新人员编制总数与创新经常性经费总数，包括在2001年院长办公会议核定的合肥物质科学研究院编制、经费总数之内，不再追加。保留智能所的名称，取消法人，管理工作纳入合肥物质科学研究院管理体制。

所领导班子：常务副所长梅涛，党委副书记伍先达，副所长刘锦淮。

关于合肥智能机械研究所创新试点方案的批复

2004年5月，智能所创新试点工程大会合影

三、职能部门

合肥研究院成立后,决定机关职能部门设6个处室:院长办公室、党委办公室、计划财务处、科研业务处、高技术产业处、人事教育处。

2002年1月4日,合肥研究院公开招聘机关处室负责人。2月27日,合肥研究院举行了首批机关招聘岗位聘任合同签字仪式,副院长匡光力主持仪式,院长谢纪康、党委书记宋兆海分别与首批聘任上岗的10位同志签订了聘用合同。

这10位同志是研究院机关6个处室的负责人:院长办公室主任吴四发,党委办公室主任谢德余,计划财务处处长何建军、副处长陈守华,科研业务处处长江海河、副处长李晓东,高技术产业处副处长段忆生(主持工作)、副处长王晓光,人事教育处副处长李胜利(主持工作)、副处长邹士平。

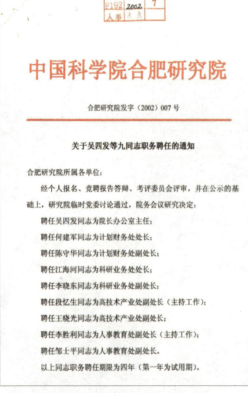

关于吴四发等九同志职务聘任的通知

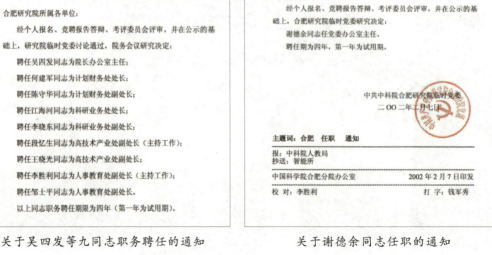

关于谢德余同志任职的通知

合肥研究院首批机关工作人员岗位聘任签字仪式
（前排左起：谢德余、匡光力、宋兆海、谢纪康、崔平、张毅、吴四发）
（后排左起：李胜利、李晓东、江海河、段忆生、王晓光、何建军、陈守华、邹士平）

2002年4月12日，合肥研究院成立纪检监察审计室，与研究院党委办公室合署办公，独立使用纪检、监察审计机构印章，罗小喜同志任监审室主任。

关于成立中国科学院合肥研究院
纪检监察审计室的通知

关于罗小喜同志任职的通知

2002年4月24日,合肥研究院成立研究生部（人事教育处的组成部分）,李家明同志任研究生部主任,吴海信同志任副主任。研究生部负责合肥研究院的研究生招生、培养、管理工作。

2003年5月15日,合肥研究院决定：李胜利同志任人事教育处处长,段忆生同志任高技术产业处处长。

关于聘任王惠莉等9位同志职务的通知

关于聘任李胜利、段忆生二同志职务的通知

关于成立合肥研究院学术委员会的决定

学术委员会

2002年4月1日,合肥研究院成立第一届合肥研究院学术委员会。

招集人：王英俭、万宝年、蔡伟平

委　员：张立德、蔡伟平、孙玉平、龚新高、余增亮、王孔嘉、万宝年、翁佩德、高秉钧、王英俭、余吟山、刘文清、周　军、乔延利、李海洋

秘　书：江海河

工会与职代会

2003年6月24日,合肥研究院第一届职工代表大会暨工会会员代表大会召开,由3个研究所、研究院机关、基地管委会等单位和部门推荐的94名职工代表出席了大会。会议选举产生了合肥研究院第一届职代会主席团和第一届工会委员会组成人员。研究院第一届职代会主席团会议选举方前锋同志任主席,谢德余、周莉、高翔、龚国忠4位同志任副主席,主席团成员为:王少杰、方前锋、刘文清、邹士平、陈童、陈尔恋、周莉、饶瑞中、高翔、龚国忠、谢德余。

第一届工会委员会会议选举匡光力同志任主席、谢德余同志任副主席,工会委员会由宁传玉、匡光力、戎春华、孙景安、杨高潮、杨道文、秦勇、葛宪华、彭宓娜、程艳、谢德余11位同志组成。戎春华同志任工会维权福利部部长,葛宪华同志任女工部部长,程艳同志任文体部部长,秦勇同志任经费审查委员会主任。

共青团

合肥研究院第一届团代会于2003年7月4日召开,从1088名团员中选出101位代表出席会议,选举产生了由王华忠、田兴友、李云、邹士平、郭晓勇、黄懿赟、程艳、彭善来、谭立青9位同志组成的研究院共青团委员会。邹士平同志任书记,田兴友、程艳、谭立青3位同志任副书记。

关于研究院工会第一届委员会组成的批复

关于同意中科院合肥物质科学研究院第一届团员代表大会选举结果报告的批复

四、支撑部门

（一）基地管理委员会

2002年7月3日，合肥研究院决定：成立基地管理委员会，开始启动全岛后勤系统一体化改革。8月5日，合肥研究院聘任龚国忠同志为基地管委会主任，刘贵华、陈尔恋同志为副主任。

2002年8月12日，合肥研究院公布后勤服务系统改革实施方案，方案根据中科院知识创新工程的要求和研究院发展规划的整体部署，按照后勤管理一体化、逐步社会化的发展模式，深化科学岛后勤体制和运行机制的改革，把地域性的董铺岛建设成为科学基地性的科学岛。

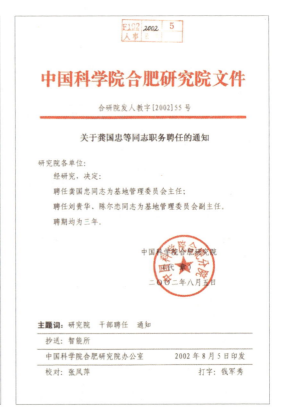

关于成立研究院基地管理委员会的通知　　关于龚国忠等同志职务聘任的通知

（二）职工医院

2001年11月合肥研究院成立后，职工医院由合肥研究院管理。

2003年9月30日，合肥研究院决定：李心白同志为职工医院院长，牛喜英同志为副院长。

关于李心白等同志职务任免的通知

（三）中国科学院合肥科学技术学校

2003年8月14日，合肥研究院研究决定：组成新一届中国科学院合肥科学技术学校行政领导班子，聘任陶坚波同志为常务副校长，聘任孙智斌同志为副校长，免去吴雪、奚立恒、胡志敏3位同志科技学校校长和副校长职务。

关于陶坚波等同志职务聘任的通知

(四) 合肥北大附属实验学校

2003年1月5日,合肥研究院与北大青鸟集团合作,在原中科院合肥分院附属中学(含中小学、幼儿园)的基础上,成立新的"合肥北大附属实验学校",按照现代化企业管理模式和运行机制,推进基础教育的发展。合肥研究院谢纪康院长、北大教育投资公司徐二会董事长分别在合作协议上签字,安徽省教育厅厅长陈贤忠、合肥市副市长姚建民等参加了签约仪式。王勇同志任学校校长,陈童同志任副校长兼支部书记,苏世醒同志任副校长。

关于申请成立合肥北大附属实验学校的报告　　关于同意试办合肥北大附属实验学校的批复

五、合作与成果转化

安徽循环经济技术工程院(2004年8月—2005年4月)

2004年8月23日,安徽省科学技术厅同意设立安徽循环经济技术工程院,并作为该院的业务主管单位。该院经登记注册后属法人性质的科技类民办非企业单位,独立承担民事责任。该院由中国科学院合肥物质科学研究院(事业法人)和段忆生同志共同出资兴办,主要任务是探索科研体制改革,推动科技成果社会化、产业化。

2004年9月7日,安徽循环经济技术工程院获得安徽省民政厅颁发的民办非企业单位登记证书,法定代表人为谢纪康同志。

(a) (b)

2004年8月23日,安徽循环经济技术工程院成立

2005—2009

一、领导班子(2005年1月—2009年3月)

2005年1月4日,中科院决定:王英俭同志任合肥物质科学研究院院长,李建刚、匡光力(兼,时任合肥研究院党委书记)、张毅、梅涛4位同志任副院长。

中国科学院任免通知

科发人任字〔2005〕2号

关于王英俭等同志职务任免的通知

合肥物质科学研究院:

经研究,决定:

王英俭同志任合肥物质科学研究院院长(任期4年);

李建刚、匡光力(兼)、张毅、梅涛同志任合肥物质科学研究院副院长(任期4年);

免去谢纪康同志合肥物质科学研究院院长职务(保留正局级待遇)。

二〇〇五年一月四日

— 1 —

关于王英俭等同志职务任免的通知

2005年1月4日,中科院党组批复:决定匡光力同志任合肥研究院党委书记,单文钧同志任纪委书记。

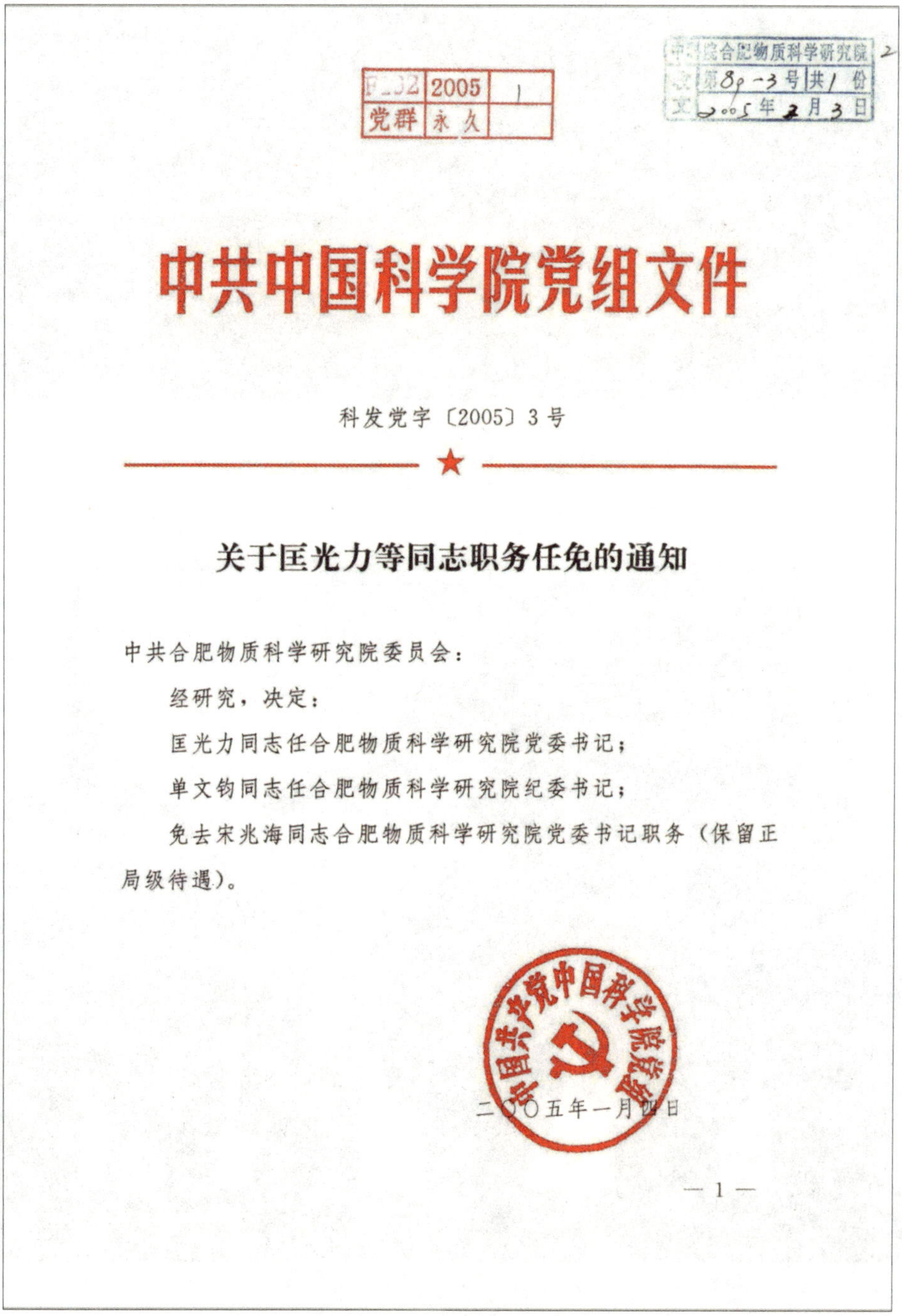

中共中国科学院党组文件

科发党字〔2005〕3号

关于匡光力等同志职务任免的通知

中共合肥物质科学研究院委员会：

经研究，决定：

匡光力同志任合肥物质科学研究院党委书记；

单文钧同志任合肥物质科学研究院纪委书记；

免去宋兆海同志合肥物质科学研究院党委书记职务（保留正局级待遇）。

二〇〇五年一月四日

— 1 —

关于匡光力等同志职务任免的通知

研究院新老领导班子合影
（左起：梅涛、单文钧、匡光力、谢纪康、宋兆海、王英俭、张毅）

合肥研究院第二届领导班子
（左起：梅涛、单文钧、匡光力、王英俭、张毅、李建刚）

2005年8月29日,合肥研究院召开党员代表大会,匡光力、王英俭、李建刚、伍先达、单文钧、王安、张晓东、梅涛、方前锋、张毅、张为俊11位同志当选为合肥研究院第二届党委委员,单文钧、吴四发、刘建国、罗小喜、程艳5位同志当选为合肥研究院第二届纪委委员,合肥研究院第二届党委第一次会议选举匡光力同志任合肥研究院党委书记,单文钧同志任纪委书记。

2005年12月2日,研究生教育基地正式开工,于2007年8月7日竣工验收。

研究生教育基地(基建办 供)

2006年2月25日,合肥研究院发布院徽。图案秉承开放的理念,运用不同粗细线条的组合,形成了具有纵深的空间感,彰显了物质科学研究领域强大的包容性和不可限量的发展前景。整体图案形如一艘承载着科技使命的中国的学术之船,乘风破浪,扬帆起航。

合肥研究院院徽

图案中心由3个伸向三维空间的电子轨道与合肥研究院的英文缩写(CASHIPS)组合而成,相互交织的轨道蕴含着科学研究海纳百川、相互融合的特征;电子围绕轨道运行,不仅表征物质科学研究的内涵,也象征着强有力的凝聚力和团结、奋进的团队精神。

2006年9月8日,合肥研究院编制了《知识创新工程三期工作任务书》,上报中科院。主要内容包括工作总目标、重点学科领域、科技创新目标、体制机制改革目标等。重点学科领域:(1)战略洁净能源,(2)环境安全监控,(3)极端条件下的基础研究。科技创新目标:通过5—10年的努力,将合肥研究院建设成为能源环境领域国内一流、国际知名、大型综合性的物质科学与技术物理研究中心,具有显著的多学科交叉优势、强大的核心技术竞争力、大型和综合性的研究平台、创新能力突出的科研队伍、高效规范的科学管理、优美协调的园区环境。10月16日,中科院批准了合肥研究院《知识创新工程三期创新任务书》。

知识创新工程三期工作任务书

单位名称: 合肥物质科学研究院
单位负责人: 王英俭
批准日期: 2006年4月25日

中国科学院规划战略局制
2006年1月1日

(a)

2、创新三期,直接核定创新岗位 685 个
其中,新增加创新岗位 62 个,分两年到位,动态调整。
2008 年前事业编制控制数为 1475 个

3、创新三期,核定年度经费 11120 万元
核定 2006 年度经费 10903 万元
其中: 基本运行费 4637 万元
基本科研费 3728 万元
离退休经费 2538 万元
以后年度经费按院有关规定动态调整,逐年核定。

4、院拨经常性经费匹配比例为 55:45
院拨其他经费匹配比例为 60:40
注: 院拨经常性经费=基本运行费+基本科研费
匹配比例中分子为院拨经费
在完成上述匹配比例的情况下,年均争取院外经费应比创新二期至少增加 10%。如未完成上述匹配比例,年均争取院外经费应比创新二期至少翻一番。

(b)

知识创新工程三期工作任务书

2006年12月30日,合肥市对科学岛一号别墅改造工程立项做出批复,原则同意一号别墅改建成合肥现代科技馆的工程项目立项。项目改造面积为4500平方米;项目投资约1200万元,其中合肥市政府投资950万元,研究院自筹250万元。

合肥现代科技馆(原一号别墅)(孙策 摄)

2007年5月30日,合肥研究院决定:吴四发同志任院长助理兼综合办公室主任。

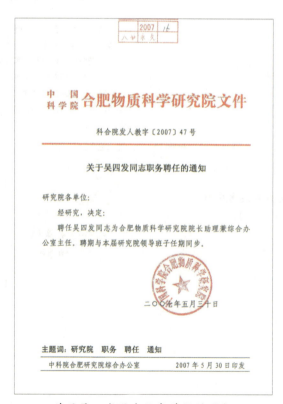

关于吴四发同志职务聘任的通知

2007年9月9日,科学家园正式开工,于2011年9月27日竣工验收。
2008年11月2日,综合实验楼正式开工,于2010年7月14日竣工验收。

科学家园(基建办 供)

综合实验楼(基建办 供)

二、科研单元

2005年3月4日,中科院同意:李建刚同志任等离子体所所长(兼,时任合肥研究院副院长),梅涛同志任智能所所长(兼,时任合肥研究院副院长),刘文清同志任安光所所长。

关于李建刚等同志职务任免的通知

（一）安徽光学精密机械研究所（2005年3月—2009年8月）

2005年3月16日，合肥研究院决定：刘文清同志任安光所所长，王安（兼，时任所党委书记）、饶瑞中、张为俊同志任副所长。合肥研究院党委决定：王安同志任安光所党委书记。

关于刘文清等同志职务任免的通知

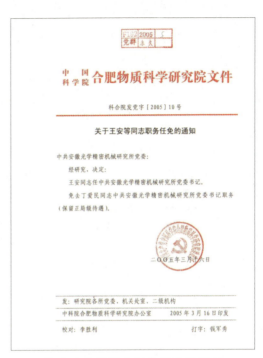

关于王安等同志职务任免的通知

刘文清（1954—）安徽蚌埠人。2013年当选中国工程院院士。2000—2005年，任安徽光学精密机械研究所副所长；2005—2017年，任安徽光学精密机械研究所所长。

2005年12月30日,合肥研究院党委批复:同意安光所第七届党委由王安、田志强、纪玉峰、刘建国、张为俊、饶瑞中、鲍健7位同志组成,王安同志任党委书记。新一届纪委由王安、王进祖、孙景安、何自平、郑小兵5位同志组成,王安同志兼任纪委书记。

2006年10月8日,合肥研究院决定:乔延利、刘建国同志任安光所所长助理。

关于中共安徽光机所委员会、纪律检查委员会
选举结果报告的批复

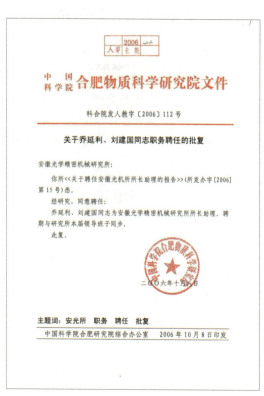

关于乔延利、刘建国同志职务聘任的批复

2007年12月，安光所项目"空气质量和污染源环境光学监测技术系统与应用"获国家科技进步二等奖。

"空气质量和污染源环境光学监测技术系统与应用"国家科学技术进步奖获奖证书

（二）等离子体物理研究所（2005年3月—2009年8月）

2005年3月16日，合肥研究院决定：李建刚同志任等离子体所所长（兼，时任合肥研究院副院长），万宝年、武松涛同志任副所长。合肥研究院党委决定：匡光力同志任等离子体所党委书记（兼，时任合肥研究院党委书记），张晓东同志任副书记。

关于李建刚等同志职务任免的通知

关于匡光力等同志职务任免的通知

2005年3月23日,合肥研究院决定:王孔嘉、姚建铭同志任等离子体所所长助理,免去冯士芬、武松涛同志等离子体所所长助理职务。

关于王孔嘉等同志职务任免报告的批复

2005年11月17日,合肥研究院党委批复:同意等离子体所第五届党委由李建刚、张晓东、武松涛、张英、傅鹏5位同志组成,张晓东同志任党委书记。第五届纪委由张晓东、邱宁、程艳3位同志组成,张晓东同志兼任纪委书记。

关于中共等离子体物理所委员会、纪律检查委员会选举结果报告的批复

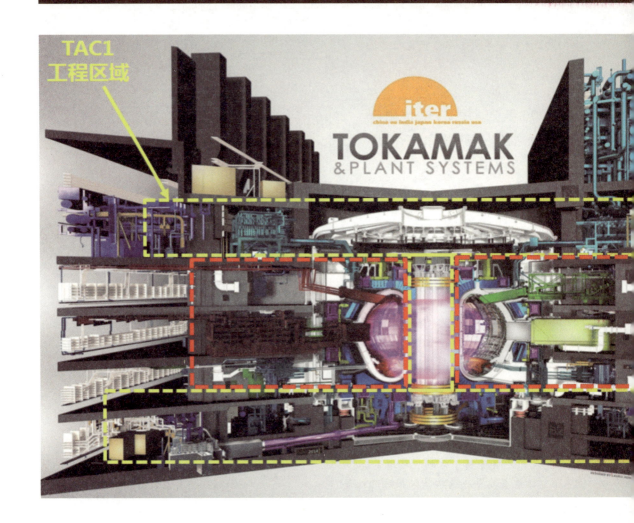

2006年11月，中国、欧盟、印度、日本、韩国、俄罗斯和美国七方签署"国际热核聚变实验堆计划"联合实验协定及相关文件。ITER计划是目前全球规模极大、影响极深远的国际科研合作项目之一。等离子体所作为ITER中国工作组的重要单位之一，承担了导体、校正场线圈、超导馈线、电源、诊断等采购包，主持超过70%的中国承担的ITER采购包任务。2020年7月，ITER计划重大工程安装启动仪式在法国该组织总部举行。国家主席习近平致贺信。

ITER主机安装一号合同签约仪式（等离子体所 供）

ITER安装工程示意图

2007年2月,等离子体所项目"低能离子束细胞修饰技术和装置"获国家技术发明二等奖。

"低能离子束细胞修饰技术和装置"国家技术发明奖获奖证书

2008年12月,等离子体所项目"全超导非圆截面托卡马克核聚变实验装置(EAST)的研制"获国家科技进步一等奖。

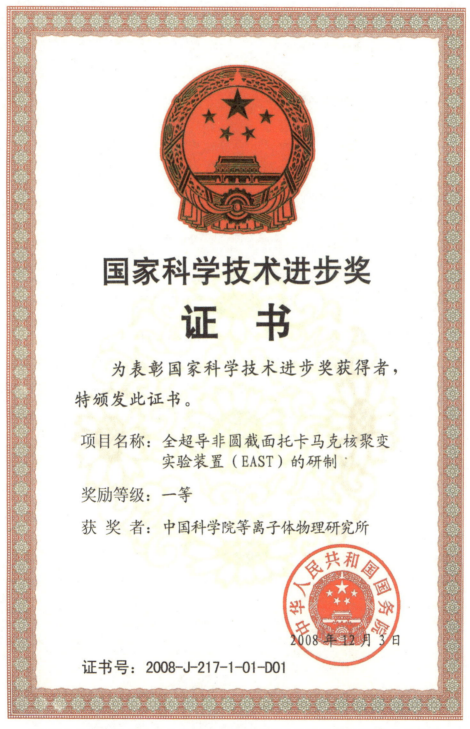

"全超导非圆截面托卡马克核聚变实验装置(EAST)的研制"国家科学技术进步奖获奖证书

2008年2月1日,合肥研究院决定:傅鹏同志任等离子体所副所长,免去武松涛同志等离子体所副所长职务,吴新潮、吴宜灿同志任等离子体所所长助理。

关于傅鹏等同志职务任免的通知

关于吴新潮等同志任职的通知

(三)固体物理研究所(2004年9月—2009年8月)

2005年12月8日,合肥研究院党委批复:同意固体所第五届党委由孟国文、秦勇、单文钧、王玉琦、方前锋5位同志组成。第五届纪委由单文钧、薛柏、徐秀兰3位同志组成,单文钧同志任党委书记兼纪委书记。

关于中共固体物理所委员会、纪律检查
委员会选举结果报告的批复

2006年3月,固体所按照航天五院总体设计部门对缓冲拉杆材料力学性能及其环境适应性提出的具体要求,开始着手研制嫦娥三号着陆缓冲系统中的拉杆器具,其材料兼具高强度、大变形、强吸能以及宽温区(约－120℃－150℃)稳定性多种特点。2013年"嫦娥三号"探测器成功登陆月球、2021年"天问一号"火星巡视器成功登陆火星,固体所研制的着陆缓冲拉杆起到了不可替代的作用。

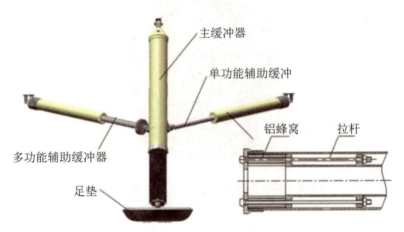

"嫦娥三号"着陆缓冲机构和拉杆应用示意图

2006年12月1日,中科院同意:蔡伟平同志任固体所所长。

关于蔡伟平同志任职的通知

2007年12月,固体所项目"一维纳米线及其有序阵列的制备研究"获国家自然科学二等奖。

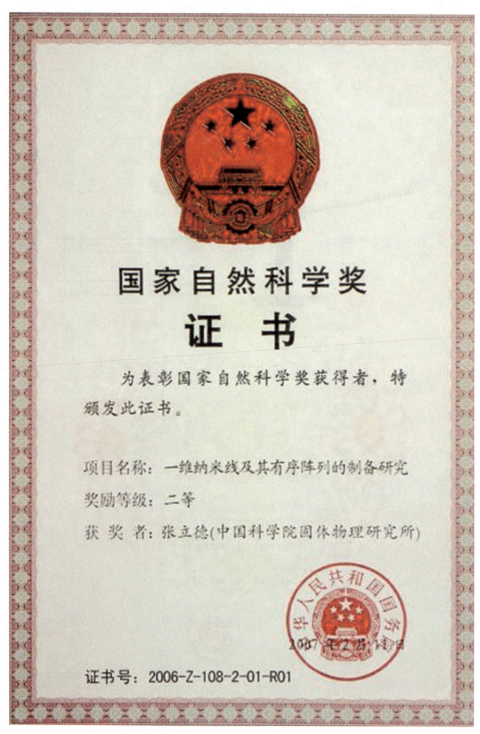

"一维纳米线及其有序阵列的制备研究"国家自然科学奖获奖证书

（四）合肥智能机械研究所（2005年3月—2009年8月）

2005年3月16日，合肥研究院决定：梅涛同志任智能所所长（兼，时任合肥研究院副院长）、伍先达（兼，时任所党委副书记）、刘锦淮同志任副所长。

2005年5月24日，合肥研究院决定：葛运建同志任智能所所长助理。

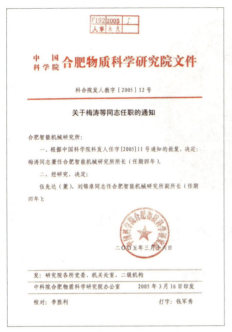

关于梅涛等同志任职的通知

关于孟庆虎等同志职务任免的批复

2005年8月19日，合肥研究院党委批复：同意智能所第五届党委由伍先达、梅涛、刘锦淮、李锋、方凯5位同志组成，第五届纪委由伍先达、孟宪喜、李淼3位同志组成，伍先达同志任党委书记兼纪委书记。

关于中共合肥智能所委员会、纪律检查委员会选举结果报告的批复

2008年12月,智能所项目"农业智能系统技术体系研究与平台研发及其应用"获国家科技进步二等奖。

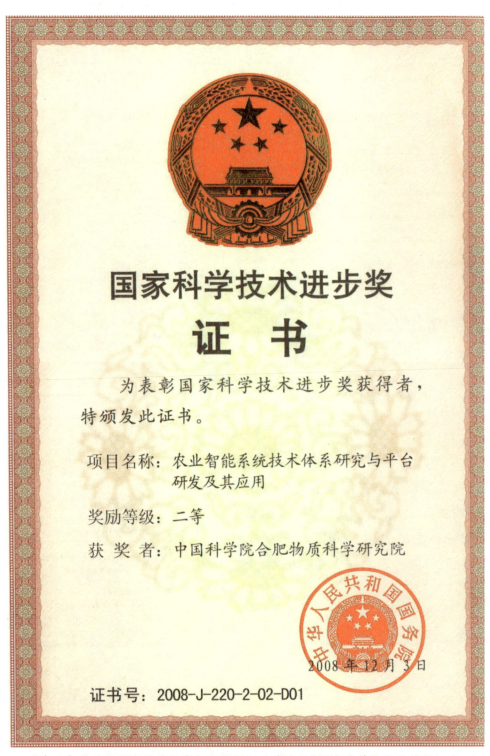

"农业智能系统技术体系研究与平台研发及其应用"国家科学技术奖获奖证书

(五)强磁场科学中心(2005年12月—2009年8月)

2005年1月15—16日,中科院基础科学局在香山饭店召开了"强磁场研讨会",会议主题是积极准备强磁场装置的立项,会议邀请多位专家共同探讨强磁场装置作为用户装置的具体应用方向、科学目标及用户队伍。

2005年4月14—15日,中科院基础科学局在中关村客座公寓召开了"强磁场研讨会",会议讨论并成立了稳态强磁场项目建议书编写小组,并明确了编写分工和日程表,由匡光力研究员任编写组长。

2005年7月14日,中科院基础科学局在北京中关村客座公寓主持召开了"强磁场建设方案研讨会",此次会议的主要目的是讨论如何更好地推动院秘书长会议审议、专家论证、院长办公会审定、报发改委等程序。由中国科学技术大学和中国科学院相关研究所的15位专家组成科技小组,侯建国同志任组长,其主要任务是对强磁场的建设方案给予评议和把关,帮助实现具体目标。

2005年7月28日,强磁场项目科技小组在合肥研究院召开第一次会议,会议讨论了稳态强磁场项目的建设方案和科学目标。专家们从不同的学科领域出发,对稳态强磁场装置的建设方案提出了具体建议。

2005年10月14日,稳态强磁场实验装置项目通过中科院秘书长办公会的审议。

2005年10月26日,中科院在合肥组织了国家重大科学工程——稳态强磁场实验装置项目建议书专家评审会。评审专家组由魏宝文院士等18位专家组成。专家组认为:稳态强磁场实验装置项目科学意义重大,考虑到国际上强磁场迅猛发展的态势和国内多学科前沿发展对强磁场越来越迫切的需求,建议按照国家大科学工程立项程序尽快立项。

2005年月11月4日,稳态强磁场实验装置项目通过中科院院长办公会的审定。会议要求该项目的牵头部门根据会议提出的意见进一步修改完善项目建议书,按程序报国家发展改革委员会(下文简称"发改委")。会议要求该项目根据实际需要,在总体设计中为今后建设必要的脉冲磁场留有余地。

2005年12月8日,为了更好地了解和掌握国内科技界对强磁场的需求,做好立项前期准备工作,稳态强磁场实验装置用户会议在合肥研究院举行,来自全国几十所重点高校、国家重点实验室、相关研究所的40多位专家、学者、一线科研人员聚集一堂,开展了广泛深入的研讨。

2005年12月15日,稳态强磁场建议书报送发改委。

2005年12月20日,合肥强磁场科学技术研究中心宣布成立。中心由合肥研究院和中国科大共同建设,为挂靠合肥研究院的非法人研究单位。中心实行领导小组领导下的主任负责制。中心领导小组成员为:侯建国、王东进、王英俭、匡光力。中心领导班子组成如下:匡光力任主任(兼),高秉钧任首席专家兼副主任,刘小宁、孙玉平任副主任。

关于成立合肥强磁场科学技术研究中心的通知

关于合肥强磁场科学技术研究中心职务任命的决定

2007年1月25日,国家发改委批复:同意建设国家重大科技基础设施项目"强磁场实验装置",随后,强磁场装置项目开始建设。2017年9月27日,稳态强磁场实验装置项目通过国家验收。

强磁场混合磁体装置

2007年10月10日,合肥研究院党委决定:成立强磁场科学技术研究中心党支部,孙玉平同志任支部书记。

关于成立循环经济技术工程院党支部及强磁场科学技术研究中心党支部的通知

2008年4月30日,中科院发文,成立"中国科学院强磁场科学中心"。

2008年4月30日,中国科学院强磁场科学中心成立

2008年5月18日,"稳态强磁场实验装置工程"开工典礼暨"中国科学院强磁场科学中心"揭牌仪式在合肥科学岛举行。

强磁场科学中心揭牌仪式

（前排左起：时任合肥研究院院长王英俭、安徽省政府副秘书长余焰炉、中国科学院副院长詹文龙、中国科学技术大学党委书记郭传杰）

三、职能部门

2005年5月9日，合肥研究院决定：将高技术产业处更名为院地合作处。

2006年1月24日，合肥研究院院长办公会经过研究，决定撤并原机关处室后组建6个职能部门，分别是综合办公室、人事教育处、科研规划处、财务资产处、高技术与院地合作处、研究生部。

(a)　　　　　　　　　　(b)　　　　　　　　　　(c)

高技术产业处变更相关文件

2006年3月7日,合肥研究院公布了6个职能处室领导的聘任人选:吴四发同志任综合办公室主任,程艳同志任副主任;罗小喜同志任监察审计室主任;李胜利同志任人事教育处处长,邹士平同志任副处长;邵风雷同志任离退休职工工作办公室主任;唐俊生同志任医疗统筹办公室主任;何建军同志任财务资产处处长,陈宗发同志任副处长;姚盛同志任基建项目办公室主任;江海河同志任科研规划处处长,李晓东同志任副处长;王世鹏同志任高技术与院地合作处副处长兼质量办公室主任(主持工作),王晓光同志任副处长;于祥贺同志任保密办公室主任;李家明同志任研究生部主任,吴海信同志任副主任。

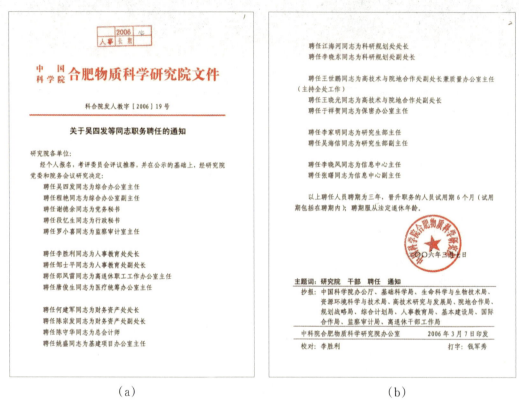

（a） （b）

关于吴四发等同志职务聘任的通知

同一天,合肥研究院举行了机关管理、支撑岗位聘任签约仪式。通过公开招聘,该次研究院共聘任处(级)干部22名、机关管理人员26名、项目聘用人员32名、信息中心人员13名。合肥研究院院长王英俭、党委书记匡光力、副院长梅涛及研究所领导和研究院机关工作人员出席了签约仪式。

2008年4月15日,合肥研究院决定:王世鹏同志任高技术与院地合作处处长。

2008年10月10日,合肥研究院决定:邹士平同志任人事教育处常务副处长(主持工作),邵风雷同志任副处长。

关于王世鹏等同志职务聘任的通知

关于李胜利和邵风雷等同志职务任免的通知

学术委员会

2005年6月17日,经院长办公会议研究决定,合肥研究院第二届学术委员会由下列人员组成:

主　任:龚知本

副主任:解思深　万宝年　蔡伟平

委员(按姓氏笔画为序):

万宝年	王孔嘉	王儒敬	毛庆和	孙玉平	乔延利
任振海	刘万东	刘文清	刘锦淮	江海河	何也熙
张立德	张为俊	张裕恒	余增亮	汪增福	胡以华
高秉钧	翁佩德	龚知本	葛运建	解思深	蔡伟平

秘书(兼):江海河

合肥研究院关于成立第二届学术委员会的决定

工会与职代会

职代会延续上届成员。方前锋同志任主席,谢德余、周莉、高翔、龚国忠4位同志任副主席。主席团成员由王少杰、方前锋、刘文清、邹士平、陈童、陈尔恋、周莉、饶瑞中、高翔、龚国忠、谢德余11位同志组成。

工会延续上届成员。匡光力同志任主席,谢德余同志任副主席。委员由宁传玉、匡光力、戎春华、孙景安、杨高潮、杨道文、秦勇、葛宪华、彭宓娜、程艳、谢德余11位同志组成。戎春华同志任工会维权福利部部长,葛宪华同志任女工部部长,程艳同志任文体部部长,秦勇同志任经费审查委员会主任。

共青团

2006年11月23日,合肥研究院党委决定:研究院第二届团委由丁爱平、王锐、孙裴兰、张艳丽、李贵明、杨帆、沈璧君、谭立青、滕雪梅9位同志组成,孙裴兰同志任团委书记,张艳丽、丁爱平同志任团委副书记。

关于合肥研究院第二届团委换届选举结果的批复

四、支撑部门

(一)科学岛服务中心

2005年5月9日,合肥研究院决定撤销基地管委会,组建科学岛服务中心。

2005年5月26日,合肥研究院决定:龚国忠同志任中心主任,刘贵华、李平同志为副主任。

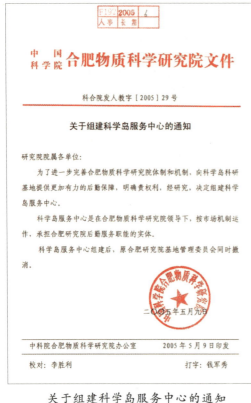

关于组建科学岛服务中心的通知

关于龚国忠等同志职务聘任的通知

(二)信息中心

2006年1月24日,合肥研究院成立信息中心,行使研究院网络建设和运行维护、文献情报、电子资源和各门类档案管理等职能。3月7日,合肥研究院聘任李晓风同志为信息中心主任,张曙同志为副主任。

（三）职工医院

2006年10月11日，合肥研究院决定：聘任王宏志同志为职工医院常务副院长（主持工作），牛喜英同志为副院长。

关于成立合肥物质科学研究院信息中心及招聘相关工作人员的通知

关于王宏志等同志职务任免的通知

五、合作与成果转化

（一）安徽循环经济技术工程院（2005年4月—2009年8月）

2005年4月12日，经合肥研究院研究同意：成立安徽循环经济技术工程院理事会（筹），理事会由以下人员组成：王孔嘉、王川、刘建国、刘锦淮、余吟山、李勇、孟月东、梅涛、谢纪康、姚建铭。梅涛为合肥研究院的代表，理事长由谢纪康担任，合肥研究院院地合作处段忆生任理事会秘书。

2006年2月9日，中科院对成立"安徽循环经济技术研究院"的请示做出回复。回复指出，成立"安徽循环经济技术工程院"，这是中科院院地合作的一件大事,符合中科院三期创新工程支持的方向,院职能部门将在院统一部署下,严格按照文件的要求,支持合肥研究院为地方经济作贡献。

关于同意成立安徽循环经济技术工程院理事会(筹)的批复

关于成立"安徽循环经济技术工程院"请示的回复

2006年4月22日,合肥研究院院长王英俭、循环工程院院长谢纪康就"关于院省共建安徽循环经济技术工程院进展要情和工作部署"向中国科学院白春礼常务副院长报送汇报材料,请中科院在循环院发展的关键时机给予支持。

关于院省共建安徽循环经济技术工程院进展要情和工作部署

2006年4月30日,安徽省机构编制委员会办公室批复:同意依托合肥研究院的资源和技术优势,由省科技厅和合肥研究院联合组建安徽循环经济技术工程院,列入地方事业单位序列(不定机构级别、人员编制和人员经费)。

2006年6月12日,合肥研究院和安徽省科技厅同意:谢纪康同志任安徽循环经济技术工程院院长(法人代表)。

(a)   (b)

关于同意成立安徽循环经济技术工程院的批复

关于谢纪康同志任职的通知

2006年6月29日，循环工程院召开第一届理事会，根据王英俭理事长的提议，理事会选举谢纪康同志任工程院第一任院长。根据谢纪康院长的提名，理事会通过决议，任命姚建铭、李季同志任工程院副院长，冯士芬同志任工程院总经济师。

关于选举工程院院长的决议

根据院提名关于副院长和总经济师任命的决议

2007年10月10日,合肥研究院党委决定成立循环经济工程院党支部,李季同志任支部书记。

关于成立循环经济技术工程院党支部及强磁场科学技术研究中心党支部的通知

(二)常州机械电子工程研究所(2006年12月—2010年3月)

2006年12月28日,合肥研究院批复:同意智能所在常州成立机械电子工程研究所,为常州地方事业法人单位。首届理事会成员为:王英俭、梅涛、伍先达、刘宏伟、王晓光5位同志。王英俭同志任理事长、法人代表,梅涛同志任首届所长。

关于同意成立常州机械电子工程研究所的批复

2007年2月28日,合肥研究院与常州市科教城管理委员会签订协议,科教城管委会支持合肥研究院在常州出资兴办常州机械电子工程研究所。开办费为110万元,其中合肥研究院出资100万元,常州市科教城管理委员会支持10万元。常州科教城管委会给予启动经费100万元(含10万元支持事业单位注册经费)。

2007年3月7日,常州机械电子工程研究所取得事业单位法人证书。3月23日,常州机械电子工程研究所第一次理事会在常州科教城召开,理事会理事王英俭、周亚瑜、梅涛、王宇伟、伍先达、董玉荣、刘宏伟、朱向东、王晓光参加了会议,理事长王英俭主持会议。会议同意:梅涛同志担任研究所所长;根据所长提名,同意聘任骆敏舟同志担任副所长。

关于成立常州机械电子工程研究所的
补充协议

常州机械电子工程研究所第一次理事会
会议纪要

（三）与中国科大合作

2008年11月28日，中国科大和中科院合肥研究院决定：联合共建中国科学技术大学"核科学技术学院"。

院长：万元熙（合肥研究院）；常务副院长：盛六四（中国科大）；副院长：李为民（中国科大）、吴宜灿（合肥研究院）。

(a) (b)

中国科学技术大学与合肥物质科学研究院共建"核科学技术学院"协议

中国科学院
Hefei Institutes of Physica

2009—2014

一、领导班子(2009年3月—2014年3月)

2009年3月2日,中科院决定:王英俭同志任合肥研究院院长,匡光力、李建刚、梅涛、蔡伟平4位同志任副院长。

中国科学院任免通知

科发人任字〔2009〕5号

关于王英俭等同志职务任免的通知

合肥物质科学研究院:

经研究,决定:

王英俭同志任合肥物质科学研究院院长(任期5年);

匡光力、李建刚、梅涛、蔡伟平同志任合肥物质科学研究院副院长(任期5年);

免去张毅同志合肥物质科学研究院副院长职务(保留副局级待遇)。

二〇〇九年三月二日

— 1 —

关于王英俭等同志职务任免的通知

换届宣布会合影
（左起：蔡伟平、梅涛、张日升、匡光力、李和风、方新、张毅、王英俭、李建刚、单文钧）

2009年5月27日，合肥研究院聘任吴四发、何建军、江海河3位同志为院长助理。

2009年7月30日，合肥研究院进行党委、纪委换届选举。匡光力、王英俭、张晓东、李建刚、单文钧、刘文清、饶瑞中、方前锋、梅涛、张毅、孙玉平11位同志当选为合肥研究院第三届党委委员。单文钧、刘建国、罗小喜、吴四发、李季5位同志当选为合肥研究院第三届纪委委员。

关于聘用合肥研究院院长助理的通知

2009年8月10日,中科院党组批复:同意匡光力同志任合肥研究院党委书记,单文钧同志任党委副书记兼纪委书记。

2011年11月4日,中科院决定:吴四发同志任合肥研究院副院长。

2013年3月4日,中科院发文:免去梅涛同志合肥研究院副院长职务。

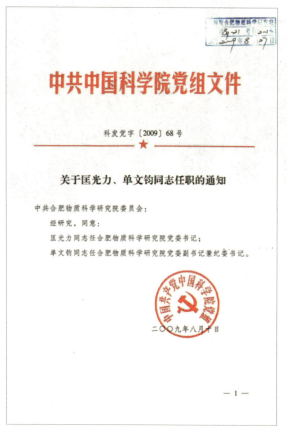

关于匡光力、单文钧同志任职的通知

关于吴四发任职的通知

二、科研单元

2009年8月7日,中科院人事教育局同意:王儒敬同志任智能所常务副所长(主持工作);刘文清同志任安光所所长;蔡伟平同志任固体所所长(兼,时任合肥研究院副院长);李建刚同志任等离子体所所长(兼,时任合肥研究院副院长);匡光力同志任强磁场中心主任(兼,时任合肥研究院党委书记)。

中国科学院

科发人教函字〔2009〕127号

关于合肥物质科学研究院科研单元领导班子主要成员任职的批复

合肥物质科学研究院：

你院《关于关于合肥研究院各科研单元领导班子主要成员职务安排的请示》收悉。经研究，同意：

王儒敬同志任合肥智能机械研究所常务副所长（主持工作）；

刘文清同志任安徽光学精密机械研究所所长；

蔡伟平同志任固体物理研究所所长（兼）；

李建刚同志任等离子体物理研究所所长（兼）；

匡光力同志任中科院强磁场科学中心主任（兼）；

以上同志任期5年。

二〇〇九年八月七日

关于合肥物质科学研究院科研单元领导班子主要成员任职的批复

（一）安徽光学精密机械研究所（2009年8月—2014年9月）

2009年8月18日，合肥研究院决定：刘文清同志任安光所所长，饶瑞中（兼，时任党委书记）、张为俊、乔延利、刘建国3位同志任安光所副所长。

2009年8月24日,合肥研究院党委决定:饶瑞中同志任安光所党委书记。

关于刘文清等同志职务任免的通知

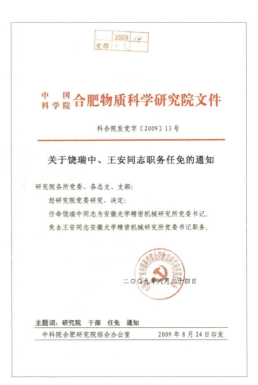

关于饶瑞中、王安同志职务任免的通知

2009年11月27日,安光所党委召开党员大会,饶瑞中、刘文清、张为俊、乔延利、刘建国、文公岭、郑小兵7位同志当选为第八届党委委员。饶瑞中、何自平、郭强、黄印博、薛辉5位同志当选为第八届纪委委员。

2010年1月4日,合肥研究院党委同意:饶瑞中同志任安光所党委书记兼纪委书记。

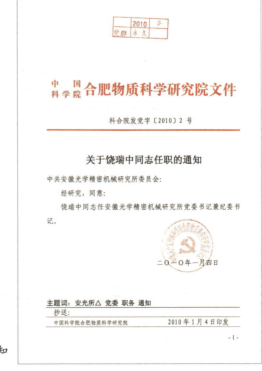

关于饶瑞中同志任职的通知

2011年4月15日,合肥研究院向相关部门报送高分辨率环境探测有效载荷研制项目建议书。2015年1月20日,安光所开始进行载荷研究。截至目前,安光所已承担了18颗卫星26个载荷研制任务。

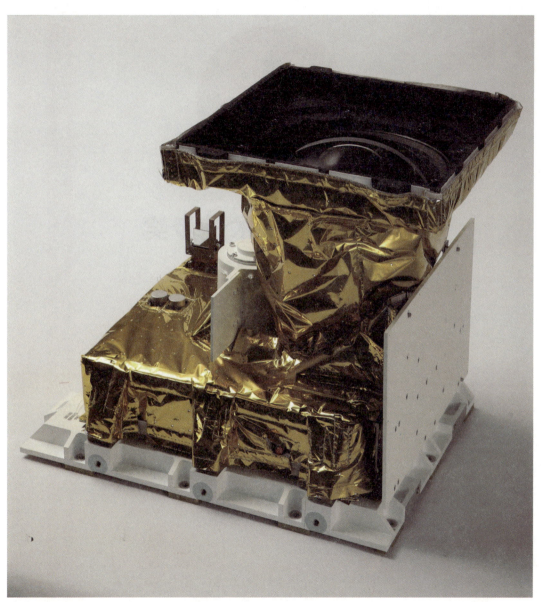

环境探测有效载荷(金洁 供)

2011年12月,安光所项目"大气环境综合立体监测技术研发、系统应用及设备产业化"获国家科技进步二等奖。

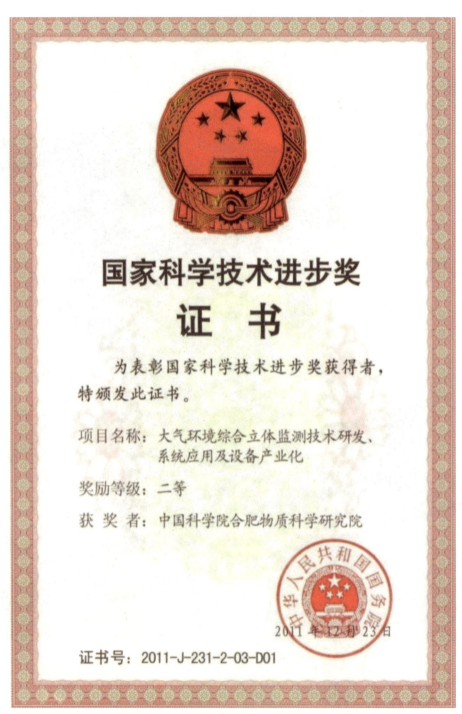

"大气环境综合立体监测技术研发、系统应用及设备产业化"国家科学技术进步奖获奖证书

(二)等离子体物理研究所(2009年8月—2014年9月)

2009年8月18日,合肥研究院决定:李建刚同志任等离子体所所长(兼,时任合肥研究院副院长),万宝年、张晓东(兼,时任等离子体所党委书记)、傅鹏、吴宜灿、吴新潮5位同志任副所长。

2009年11月9日,合肥研究院决定:宋云涛、戴松元、姚建铭3位同志任等离子体所所长助理。

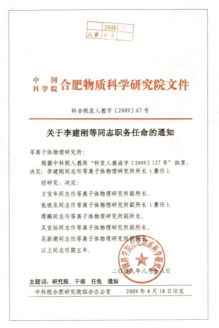
关于李建刚等同志职务任命的通知

关于宋云涛等同志职务任命的通知

2009年11月27日,等离子体所党委举行党委、纪委换届选举,李建刚、张晓东、傅鹏、吴新潮、吴宜灿、宋云涛、高翔7位同志当选为第六届党委委员,张晓东同志任党委书记;张晓东、吴杰峰、赵君煜3位同志当选为第六届纪委委员,张晓东兼任纪委书记。

2010年1月4日,合肥研究院党委同意:张晓东同志任等离子体所党委书记兼纪委书记。

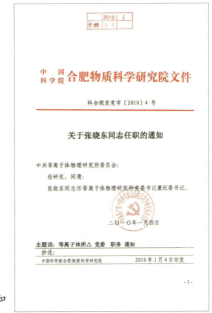
关于张晓东同志任职的通知

2013年12月，等离子体所"超导托卡马克创新团队"获国家科技进步奖创新团队奖。这是中国科学院首个获得该项奖励的团队，白春礼院长特发信祝贺。

"中国科学院合肥物质科学研究院超导托卡马克创新团队"国家科学技术进步奖获奖证书

中国科学院

贺　信

合肥物质科学研究院：

　　欣闻你所"中国科学院合肥物质科学研究院超导托卡马克创新团队"获得2013年度国家科学技术进步奖创新团队，我谨代表院党组并以我个人的名义向你所及广大科技人员致以热烈的祝贺，并对有关科技人员为此付出的辛勤劳动表示崇高的敬意！

　　国家科学技术进步奖创新团队2012年开始试点评审，超导托卡马克创新团队是我院首个获得该项奖励的团队，这也是国内科技界对你们团队在磁约束核聚变研究领域处于领先地位的肯定，你们团队所取得的系列国际领先成果使我国超导托卡马克研究走到世界前沿，为世界聚变科技发展做出了重大创新贡献。

　　希望你们深入学习、认真贯彻落实十八届三中全会精神和"四个率先"要求，秉承爱国为民理念，树立创新自信，牢记使命，锐意进取，扎实推进"创新2020"和"一三五"规划实施，为落实创新驱动发展战略、实现中华民族伟大复兴的中国梦，做出国家战略科技力量应有的重大创新贡献。

中国科学院　院长　

二〇一四年一月十日

白春礼院长关于创新团队获奖的贺信

(三) 固体物理研究所(2009年8月—2014年9月)

2009年8月18日,合肥研究院决定:蔡伟平同志任固体所所长(兼,时任合肥研究院副院长)。孟国文、秦勇、曾雉3位同志任副所长。

2009年8月24日,合肥研究院党委决定:秦勇同志任固体所党委书记。

关于蔡伟平等同志职务任免的通知

关于秦勇、单文钧同志职务任免的通知

2009年11月20日,固体所党委召开党员大会,方前锋、刘长松、孟国文、秦勇、曾雉5位同志当选为第六届党委委员。田兴友、秦勇、滕雪梅3位同志当选为第六届纪委委员。秦勇同志任党委书记兼纪委书记。

2010年1月4日,合肥研究院党委同意:秦勇同志任固体所党委书记兼纪委书记。

2012年12月,固体所项目"金笼子与外场下纳米结构转变的研究"获国家自然科学二等奖。

"金笼子与外场下纳米结构转变的研究"国家自然科学奖获奖证书

（四）合肥智能机械研究所（2009年8月—2014年9月）

2009年8月18日，合肥研究院决定：王儒敬同志任智能所常务副所长（主持工作），刘锦淮同志、张忠平同志任副所长；免去梅涛同志兼任的智能所所长职务，免去伍先达同志副所长职务。

2009年8月24日，合肥研究院党委决定：张毅同志任智能所党委书记。

关于王儒敬等同志职务任免的通知

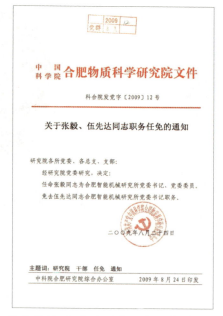

关于张毅、伍先达同志职务任免的通知

关于任命汪增福同志为合肥智能机械研究所所长的批复

2009年12月11日，智能所党委召开全体党员大会，选举王儒敬、刘锦淮、李淼、李民强、张毅5位同志为第六届党委委员；王锐、张毅、黄德双3位同志为第六届纪委委员。新一届党委会选举张毅同志为党委书记兼纪委书记。

2010年1月4日，合肥研究院党委同意：张毅同志任智能所党委书记兼纪委书记。

2011年1月30日，中科院人事教育局同意：汪增福同志任智能所所长。

2011年12月,智能所项目"基于力传感的人体运动信息在线获取方法与现场训练指导系统"获国家技术发明二等奖。

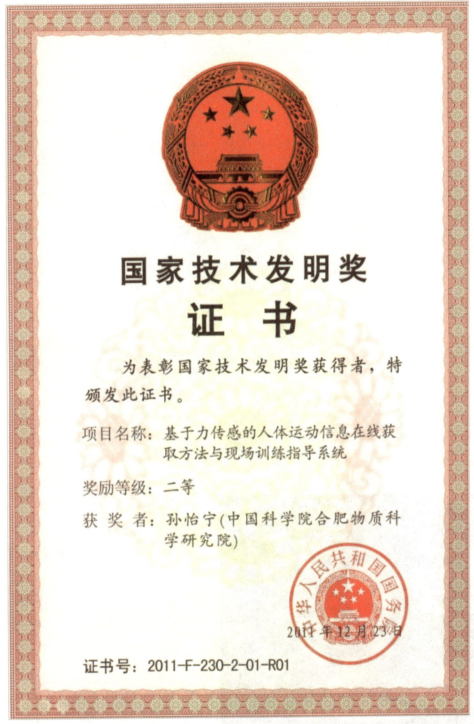

"基于力传感的人体运动信息在线获取方法与现场训练指导系统"国家技术发明奖获奖证书

(五)强磁场科学中心(2009年8月—2014年9月)

2009年8月18日,合肥研究院决定:匡光力同志任强磁场中心主任(兼,时任合肥研究院党委书记),孙玉平、刘小宁、田长麟3位同志任副主任;聘任高秉钧同志为强磁场中心首席专家,张裕恒同志为强磁场中心首席科学家。

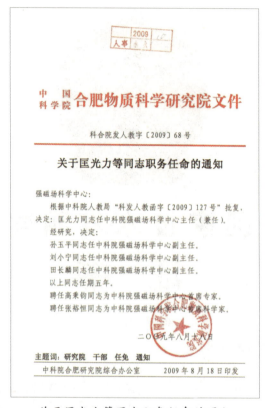

关于匡光力等同志职务任命的通知

(左萍 摄)

张裕恒 (1938—)江苏宿迁人。2005年当选中国科学院院士。历任中国科学院结构开放实验室主任、中国科学技术大学结构中心主任。2008年至今,任中国科学院强磁场科学中心首席科学家。

在此期间,强磁场科学中心吸收了一批优秀海外人才,"哈佛八剑客"是其中一个典型代表。

"哈佛八剑客"
(左起:张钠、林文楚、王俊峰、任涛、刘青松、刘静、张欣、王文超)

(六)先进制造技术研究所(2010年3月—2014年9月)

2010年3月9日,根据中科院和合肥研究院发展战略部署,进一步加强学科建设和院地合作,合肥研究院决定:在原智能所常州机械电子工程研究所和智能车辆技术中心的人员及设备的基础上,成立"中国科学院合肥物质科学研究院先进制造技术研究所"。先进制造技术研究所是隶属于合肥研究院的非法人研究单元,主要从事机器人、智能车辆、数字化设计与制造研究。

2010年3月9日,先进制造技术研究所成立

先进制造技术研究所科研办公楼(叶晓东 供)

2010年4月27日,合肥研究院决定成立先进制造技术研究所筹备组,筹备组由梅涛、骆敏舟、张朝晖、孔令成、梁华为5位同志组成,梅涛同志任组长,骆敏舟同志任副组长。

2010年7月19日,合肥研究院党委同意:孔令成同志任先进所党支部书记,骆敏舟、牛润新同志任支部委员。

2011年6月3日,合肥研究院决定:梅涛同志任先进所所长(兼,时任合肥研究院副院长),骆敏舟、孔令成、梁华为3位同志任副所长。

关于成立先进制造技术研究所筹备组的通知

关于先进制造技术研究所党支部委员会选举结果的批复

关于梅涛等同志职务任命的通知

(七)技术生物与农业工程研究所(2010年5月—2014年9月)

2010年5月13日,合肥研究院决定:在等离子体所原离子束生物工程研究室等研究力量的基础上,成立"中国科学院合肥物质科学研究院技术生物与农业工程研究所"。该所为隶属于合肥研究院的非法人研究单元,主要从事辐射技术与辐照物理化学、辐射与环境健康、离子束生物工程、农业环境工程研究。

2010年5月13日,技术生物与农业工程研究所成立

技术生物与农业工程研究所科研办公楼(孙策 供)

2010年6月24日,合肥研究院决定:成立技术生物所筹备组,筹备组由吴跃进、吴李君、许安3位同志组成,吴跃进同志任组长。

2011年6月3日,合肥研究院决定:吴跃进同志任技术生物所所长,吴李君、许安同志任副所长。

关于成立技术生物与农业工程研究所
筹备组的通知

关于吴跃进等同志职务任命的通知

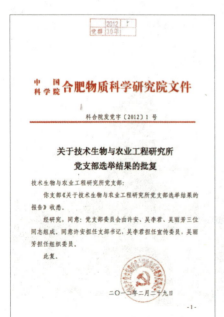

2012年2月29日,合肥研究院党委决定:技术生物所党支部由许安、吴李君、吴丽芳3位同志组成;同意许安同志任支部书记,吴李君、吴丽芳同志任支部委员。

关于技术生物与农业工程研究所
党支部选举结果的批复

（八）医学物理与技术中心（2010年5月—2014年9月）

2010年5月13日，合肥研究院决定：成立中科院合肥物质科学研究院医学物理与技术中心，主要面向医学物理技术前沿，开展智能保健物理与健康管理技术、辐射医学物理与技术、医学光谱质谱技术、医学核磁技术、医用激光技术等方面的研究，推动医疗健康技术设备研发及其临床应用。

2010年5月13日，医学物理与技术中心成立

医学物理与技术中心（林源　供）

2010年6月24日,合肥研究院决定:成立医学物理中心筹备组,筹备组由王宏志、储焰南、孙怡宁3位同志组成,王宏志同志任组长;医学物理中心领导班子成立后,该筹备组自动撤销。

2012年6月13日,合肥研究院决定:江海河同志任医学物理中心主任(兼,时任合肥研究院院长助理),王宏志同志任常务副主任,储焰南同志任副主任。

关于成立医学物理与技术中心
筹备组的通知

关于江海河等同志职务任命的通知

2012年7月20日,合肥研究院党委同意:医学物理中心第一届党总支由王宏志、储焰南、曾萍、何泽铸、沈成银5位同志组成,王宏志同志任总支书记,储焰南、曾萍、何泽铸、沈成银4位同志任总支委员。

关于医学物理与技术中心
党总支选举结果的批复

（九）核能安全技术研究所（2012年4月—2014年9月）

2012年4月25日，中科院院长办公会研究决定：成立中科院核能安全技术研究所，核安全所为院设非法人研究单元，由中国科大与中科院合肥物质科学研究院共建。核安全所实行合肥物质科学技术中心领导下的所长负责制，中科院合肥物质科学研究院为依托单位，基础科学局为主管部门。

核安全所的主要任务是针对核反应堆安全、辐射防护与环境影响、辐射危害与生命安全、核应急与公共安全、核能软件与安全仿真等领域的关键科学技术问题，开展多学科交叉的基础性、前瞻性、战略性研究，提升我国核能安全技术研究水平，为我国核安全评价标准体系的建设与完善、先进核能应用提供关键技术支持，培养核安全研究及管理高端人才，为我国核能发展提供人才储备，引领我国核能安全研究，提高核安全评价的客观公正性，支持核能事业持续发展。

2012年4月25日，核能安全技术研究所成立

核能安全技术研究所

2012年6月27日,合肥研究院党委批复:同意核能安全所成立临时党支部;吴宜灿同志任党支部书记,孙智斌、程梦云同志任临时党支部委员。

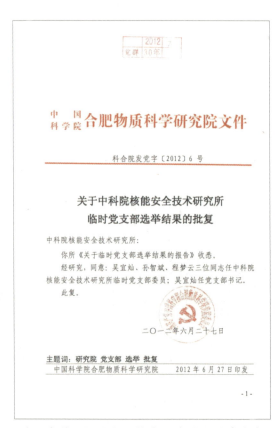

关于中科院核能安全技术研究所临时党支部
选举结果的批复

2012年7月14日,中国科大和合肥研究院双方研究决定:成立中科院核能安全技术研究所筹建工作组。工作组成员由吴宜灿、林铭章、何建军、郁杰4位同志组成。

三、职能部门

2009年5月4日,合肥研究院决定:将管理部门调整为7个处室,分别为综合办公室,下设党群办公室、纪检监察审计室;人事教育处,下设离退休办公室、医疗统筹办公室;财务资产处,下设基建办公室;科研规划处;高技术处,下设质量办公室、保密办公室;研究生部;院地合作处。

关于成立新建创新单元筹建工作组的通知

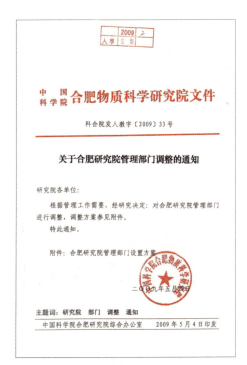

(a)　　　　　　　　(b)

关于合肥研究院管理部门调整的通知

2009年5月27日,合肥研究院决定:吴四发同志任综合办公室主任,邹士平同志任人事教育处处长,何建军同志任财务资产处处长,江海河同志任科研规划处处长,王世鹏同志任高技术处处长,吴海信同志任研究生部主任,王容川同志任院地合作处处长,程艳同志任综合办公室副主任兼党群办公室主任,邵风雷同志任人事教育处副处长兼离退休办公室主任,陈宗发同志任财务资产处副处长,李晓东同志任科研规划处副处长,李贵明、刘善文同志任研究生部副主任,高昌庆同志任院地合作处副处长,罗小喜同志任纪检监察审计室主任,唐俊生同志任医疗统筹办公室主任,姚盛同志任基建办公室主任,连悦同志任质量办公室主任,谭立青同志任保密办公室主任。

(a) (b)

关于聘用管理部门负责人的通知

2010年11月18日,合肥研究院决定:曾杰同志任基建项目办公室常务副主任。

关于聘任曾杰同志为基建项目办公室常务副主任的通知

2012年1月18日,合肥研究院决定:程艳同志任综合办公室主任。6月13日,合肥研究院决定:孙裴兰同志任离退休办公室主任。

关于程艳等同志职务任免的通知

关于孙裴兰等同志职务任免的通知

2012年10月22日,合肥研究院决定:王锐同志任综合办公室副主任,叶定同志任财务资产处副处长,谭立青同志任高技术处副处长,屈哲同志任科研规划处副处长,曾杰同志任基建项目办公室主任。

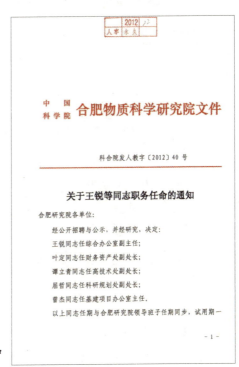

关于王锐等同志职务任命的通知

学术委员会

2009年12月24日,合肥研究院对学术委员会进行换届。合肥研究院第三届学术委员会由下列人员组成:

主　　任:龚知本

副主任:万元熙　孟国文

委员(按姓氏笔画为序):

　　万元熙　万宝年　王玉琦　刘万东　刘锦淮　孙怡宁　江海河

　　陈　旸　张为俊　张裕恒　孟国文　汪增福　胡以华　高秉钧

　　龚知本　俞书宏　施蕴渝　戴松元

秘书(兼):江海河

2012年11月14日,合肥研究院增补王玲、吴李君、骆敏舟、黄群英、储焰南5位同志为研究院第三届学术委员会委员。

合肥研究院关于成立第三届学术委员会的决定

关于增补中国科学院合肥研究院第三届学术委员会委员的决定

工会与职代会

2010年1月18日,合肥研究院对第二届职工代表大会暨工会会员代表大会选举结果做出批复:同意方前锋同志任第二届职代会主席团主席,李平、李森、高翔、程艳、魏合理5位同志任副主席;单文钧同志任第二届工会主席,程艳同志任副主席;何自平同志任维权福利部部长,赵君煜同志任经费审查委员会主任,杨洪鸣同志任文体部部长,曾萍同志任女工部部长。

(a) (b)

关于合肥研究院第二届职工代表大会暨工会会员代表大会选举结果的批复

共青团

2010年5月5日,研究院党委决定:研究院第三届团委由邓九安、冯雪松、李虎、李奕成、沈璧君、陈套、赵鹏、夏珉、潘书生9位同志组成;陈套同志任团委书记,冯雪松、赵鹏同志任团委副书记。

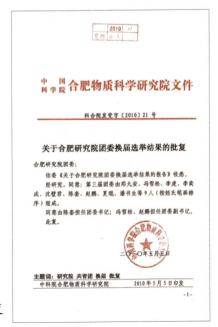

关于合肥研究院团委换届选举结果的批复

四、支撑部门

2009年4月2日,合肥研究院决定:成立科学岛科普馆(后改为合肥现代科技馆)。9月18日,合肥研究院决定:程艳同志任合肥现代科技馆馆长(兼,时任研究院综合办副主任),汪晓东同志任常务副馆长。

关于成立科学岛科普馆的通知

关于程艳等同志任职的通知

2009年7月1日,合肥研究院决定:李平同志任科学岛服务中心主任,张恒芳、沈思源同志任副主任。

2009年9月14日,合肥研究院决定:中科院合肥科学技术学校和合肥科学岛实验中学组成一个领导班子;陶坚波同志任学校校长,邢芬、张国庆、孙智斌、贺宜星4位同志任副校长。

关于李平等同志职务任免的通知

关于陶坚波等同志职务任免的通知

2009年12月4日,合肥研究院决定:聘任王宏志同志为职工医院院长,夏莉、史秀翠同志为副院长。

2010年5月13日,合肥研究院根据研究院发展战略部署,决定在成立合肥研究院医学物理与技术中心。职工医院成为其下属临床部。

2011年8月29日,合肥研究院聘用葛子红同志任合肥现代科技馆常务副馆长。

关于王宏志等同志职务任免的通知　　关于葛子红同志任职的通知

2012年8月20日,合肥研究院同意:王宏志同志任肿瘤医院院长(兼),曾萍、夏莉、史秀翠同志任副院长。

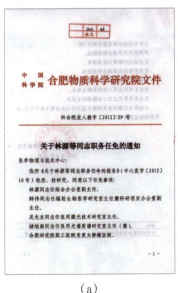 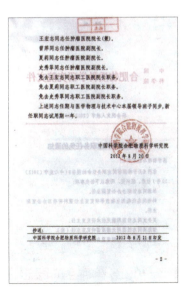

(a)　　　　　　　　　　(b)

关于林源等同志职务任免的通知

五、合作与成果转化

(一)安徽循环经济技术工程院(2009年7月—2014年9月)

2009年7月29日,合肥研究院决定:梅涛同志任循环院院长(兼,时任合肥研究院副院长),李季同志任副院长(执行院长),姚建铭同志任副院长,王容川同志任副院长(兼,时任院地合作处处长)。

2011年12月8日,循环院组成新一届领导班子,田兴友同志任循环院院长,李季、王玲同志任副院长。

关于梅涛等同志职务安排的建议　　　　关于田兴友等同志职务任免的通知

2012年6月25日,合肥研究院党委决定:李季同志任循环院党支部书记,田兴友、王玲、王勇、刘春艳4位同志任委员。

关于安徽循环经济工程院党支部
换届选举结果的批复

（二）河南省中国科学院科技成果转移转化中心（2009年12月—2014年3月）

根据中科院院地合作职能划分，合肥研究院主管河南省的院地合作工作。2009年6月—11月，合肥研究院先后3次向中科院院地合作局请示，申请启动"河南省中国科学院科技成果转移转化中心"建设。

（a） （b）

关于申请启动"河南省中国科学院科技成果转移转化中心"建设的请示

2009年12月30日,中科院院地合作局复函河南省人民政府办公厅,同意省院共建科技成果转移转化中心,中心名称和组建方案请合肥研究院按有关规定报批。

关于同意共建科技成果转移转化中心的函

2010年3月17日,合肥研究院致函河南省人民政府办公厅,中科院同意河南省中国科学院科技成果转移转化中心组建方案。2013年7月1日,合肥研究院聘任吕纯操同志为河南中心主任,聘期2年。

关于同意河南省中国科学院科技成果转移转化中心组建方案的函

关于聘任吕纯操同志为河南中心主任的通知

2013年7月3日,河南省科学院成立"河南省中国科学院科技成果转移转化中心"。12月9日,河南中心取得事业单位法人证书。

(a)

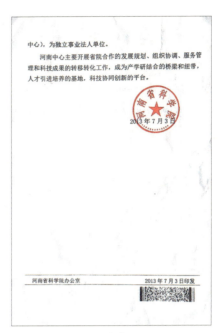

(b)

河南省科学院关于成立"河南省中国科学院科技成果转移转化中心"机构的通知

(三)淮南新能源研究中心(2012年2月—2014年3月)

2011年6月29日,淮南市人民政府与中科院合肥物质科学研究院签订战略合作协议。

(a)

(b)

淮南市人民政府、中国科学院合肥物质科学研究院战略合作协议书

2012年1月11日,淮南市人民政府与中科院合肥研究所依据上述战略协议,就共建中科院等离子体物理研究所淮南新能源研究中心建设有关问题达成协议。

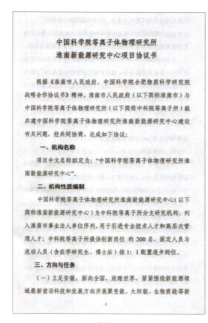 

(a) (b)

中国科学院等离子体物理研究所淮南新能源研究中心项目协议书

2012年2月15日,淮南市发展和改革委员会经研究,同意建设中科院合肥物质科学研究院淮南新能源研究中心项目。

(a) (b)

关于中科院等离子体物理研究所淮南新能源研究中心项目的批复

2012年2月22日,淮南市机构编制委员会经研究决定:成立淮南新能源研究中心,并列入市政府直属事业单位。3月16日,淮南新能源研究中心取得事业单位法人证书。

关于成立淮南新能源研究中心的通知

2013年2月5日,合肥研究院同意:李建刚同志任淮南新能源研究中心主任(兼,时任合肥研究院副院长),吴新潮同志任常务副主任(兼,时任等离子体所副所长),姚建铭同志任副主任(兼,时任等离子体所所长助理)。

(a) (b)

关于淮南新能源研究中心(筹)领导职务任命的通知

（四）皖江新兴产业技术发展中心（2011年7月—2014年3月）

2011年7月15日，中科院合肥物质科学研究院、铜陵市人民政府、安徽省科学技术厅签订共建中国科学院皖江新兴产业技术发展中心协议书。

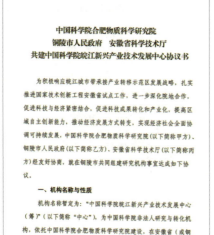
（a）

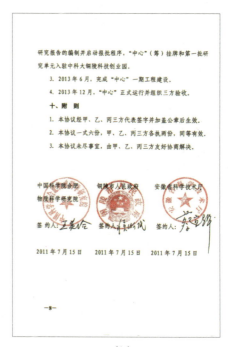
（b）

共建中国科学院皖江新兴产业技术发展中心协议书

2011年8月4日，铜陵市机构编制委员会经研究，同意成立皖江新兴产业技术发展中心。9月29日，皖江新兴产业技术发展中心取得事业单位法人证书。

关于成立皖江新兴产业技术发展中心的批复

（五）与中国科大合作

2011年9月26日，为进一步推进"科教结合、协同创新"工作，中国科大决定聘任合肥研究院龚知本等50位研究员为科大教授。

关于聘任龚知本等50人为我校教授的通知

2011年9月27日，根据合肥研究院和中国科大联合共建合肥物质科学技术中心的需要，合肥研究院决定聘任何多慧等50位教授为合肥研究院研究员。

关于聘任中国科学技术大学何多慧等50位教授为合肥物质科学研究院研究员的通知

2012年7月14日,中国科大和合肥研究院双方研究决定:成立中国科学技术大学环境科学与光电技术学院筹建领导小组和工作小组。

领导小组成员如下:

召集人:刘文清　陆亚林

成　员:饶瑞中　张为俊　乔延利　刘建国　屠　兢　杜少甫

工作小组成员如下:

召集人:翁宁泉　谢品华

成　员:屠　兢　杜少甫　魏合理　郑小兵　黄　伟　毛庆和　许　安

(a)　　　　　　　　　　　　　　　　(b)

关于成立新建创新单元筹建工作组的通知

2013年8月16日,合肥研究院根据和中国科大联合共建合肥物质科学技术中心的需要,决定第二批聘任中国科大王均等10位教授为合肥研究院研究员。

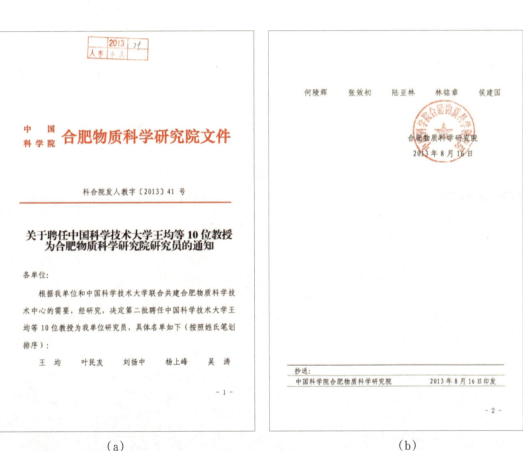

(a)　　　　　　　　　　　(b)

关于聘任中国科学技术大学王均等10位教授为合肥物质科学研究院研究员的通知

2014—2019

一、领导班子(2014年3月—2019年10月)

2014年3月26日,中科院决定:匡光力同志任合肥研究院院长,吴四发、刘建国、江海河、万宝年、朱长飞(兼,时任中国科大副校长)5位同志任副院长。中科院党组决定:王英俭同志任合肥研究院党委书记。

中国科学院关于匡光力等职务任免的通知

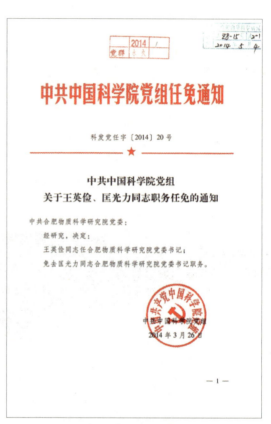

中共中国科学院党组关于王英俭、匡光力同志职务任免的通知

2014年3月26日,中科院决定:江海河同志任中国科大副校长(兼,时任合肥研究院副院长)。

2014年9月28日,合肥研究院召开党委、纪委换届大会,匡光力、刘建国、王英俭、张晓东、孙玉平、饶瑞中、吴四发、秦勇、邹士平、田兴友、吴海信11位同志当选为合肥研究院第四届党委委员;方前锋、张晓东、邹士平、王锐、郑小兵5位同志当选为合肥研究院第四届纪委委员。

合肥研究院第四届领导班子
（左起：万宝年、江海河、吴四发、匡光力、王英俭、刘建国、邹士平）（王天昊 摄）

合肥研究院第四届党委会第一次会议一致选举王英俭同志任党委书记。第四届纪委委员第一次会议一致推举邹士平同志任纪委副书记（主持纪委工作）。

2014年12月5日，中科院党组决定：邹士平同志任合肥研究院党委副书记兼纪委书记。

中共中国科学院党组关于邹士平同志任职的通知

2015年11月,匡光力和王英俭联名向省领导提出《关于建设合肥综合性国家科学中心的建议》。2015年12月,安徽省发改委牵头成立中心建设方案起草组。2016年3月,合肥综合性国家科学中心建设方案论证会召开。2016年8月,中科院与安徽省合作建设领导小组召开第一次会议,双方签署新一轮《中国科学院安徽省人民政府全面创新合作协议》,其中重要内容之一是双方合作共建合肥综合性国家科学中心。2016年11月,安徽省发改委再次组织中心建设方案论证会并上报最终版。

2017年1月10日,国家发改委、科技部同意建设合肥综合性国家科学中心。

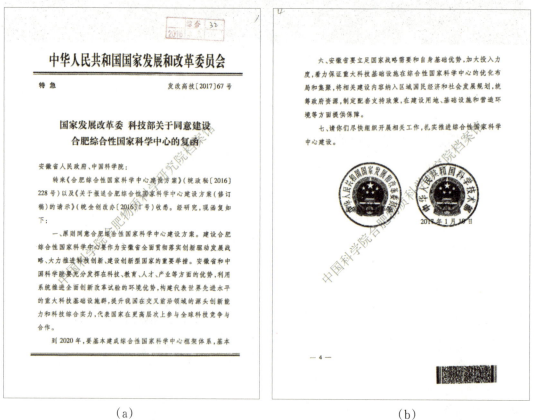

(a)　　　　　　　　　　(b)

国家发展改革委　科技部关于同意建设合肥综合性国家科学中心的复函

合肥研究院作为合肥综合性国家科学中心的核心建设单位,2019年12月,牵头成立合肥综合性国家科学中心能源研究院,同时积极推进环境研究院、未来技术研究院组建工作;2020年7月,全面启动大气环境立体探测实验研究设施和强光磁集成实验装置两项重大科技基础设施预研、EAST全超导托卡马克装置性能提升项目;2021年6月,合肥综合性国家科学中心大科学装置集中区总体规划方案于合肥市规划委员会2021年第三次主任办公会通过;2021年9月,成立合肥国际应用超导中心、中欧电子材料国际创新中心等一批高能级创新平台。

合肥综合性国家科学中心功能划分图(2021年5月31日发布)

合肥综合性国家科学中心功能区效果图(2021年5月31日发布)

2018年6月1日,合肥研究院决定:王俊峰、宋云涛、吴海信、程艳4位同志任合肥研究院院长助理。

(a)　　　　　　　　　　　　(b)

合肥研究院关于王俊峰等4位同志任职的通知

2015年11月18日,物质科学综合交叉实验平台正式开工,于2018年9月6日竣工验收。

物质科学综合交叉实验平台(基建办　供)

2016年1月10日,科学岛南大门正式开工,于2016年3月10日竣工验收。

科学岛南大门(基建办 供)

2017年8月15日,科学岛南大坝正式开工,于2020年1月15日竣工验收。

科学岛南大坝(基建办 供)

二、科研单元

(一) 安徽光学精密机械研究所(2014年9月—2020年5月)

2014年9月17日,合肥研究院决定:刘文清同志任安光所所长,饶瑞中同志任常务副所长(兼,时任所党委书记),乔延利、郑小兵、毛庆和、谢品华4位同志任副所长。

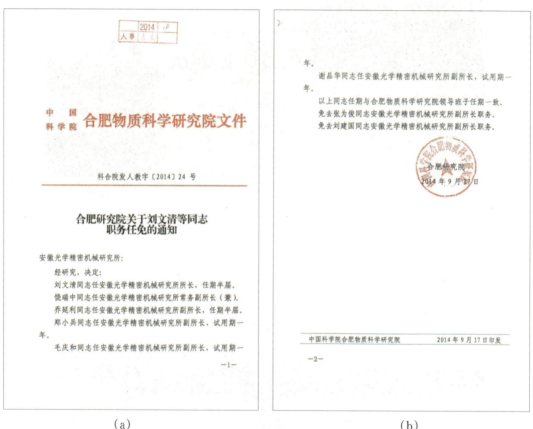

(a)   (b)

合肥研究院关于刘文清等同志职务任免的通知

2014年11月18日，合肥研究院党委批复：决定安光所第九届党委由王鸿梅、朱文越、陈结祥、郑小兵、饶瑞中、翁宁泉、谢品华7位同志组成，饶瑞中同志任党委书记；第九届纪委由郑小兵、郭强、黄印博、阚瑞峰、薛辉5位同志组成，郑小兵同志任纪委书记。

中国科学院 **合肥物质科学研究院文件**

科合院发党字〔2014〕19号

关于安光所党委、纪委换届选举结果的批复

安光所党委：

你们11月12日《关于中共安徽光机所第九届党委、纪委选举结果的报告》收悉。

经研究，同意：第九届党委由王鸿梅、朱文越、陈结祥、郑小兵、饶瑞中、翁宁泉、谢品华7人组成；第九届纪委由郑小兵、郭强、黄印博、阚瑞峰、薛辉5人组成。

同意由饶瑞中担任党委书记；郑小兵担任纪委书记。

关于安光所党委、纪委换届选举结果的批复

2015年12月，安光所项目"大气细颗粒物在线监测关键技术及产业化"获国家科技进步二等奖。

"大气细颗粒物在线监测关键技术及产业化"国家科学技术进步奖获奖证书

2017年7月21日,合肥研究院决定:饶瑞中同志任安光所所长。

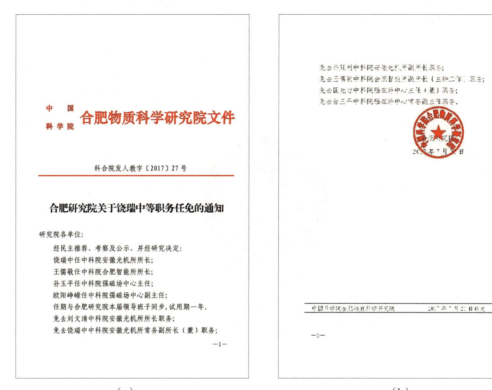

合肥研究院关于饶瑞中等职务任免的通知

2017年11月21日,合肥研究院党委决定:郑小兵同志任安光所党委副书记。

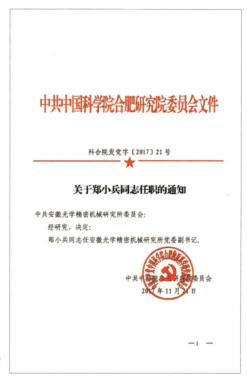

关于郑小兵同志任职的通知

2019年12月18日，安光所项目"工业园区有毒有害气体光学监测技术及应用"获国家科技进步二等奖。

"工业园区有毒有害气体光学监测技术及应用"国家科学技术进步奖获奖证书

(二)等离子体物理研究所(2014年9月—2020年5月)

2014年9月17日,合肥研究院决定:万宝年同志任等离子体所所长(兼,时任合肥研究院副院长),张晓东同志任副所长(兼,时任等离子体所党委书记),宋云涛同志任常务副所长,傅鹏、吴新潮同志任副所长。

(a)

(b)

合肥研究院关于万宝年等同志职务任免的通知

万宝年 (1962—)江苏海安人。2021年当选中国科学院院士。2005—2014年,任等离子体物理研究所副所长;2014—2020年,任等离子体物理研究所所长;2014—2019年,任中国科学院合肥物质科学研究院副院长。

(严慧 摄)

关于等离子体所党委、纪委换届
选举结果的批复

2014年11月25日,合肥研究院党委批复:决定等离子体所第七届党委由张晓东、宋云涛、吴新潮、傅鹏、何友珍、赵君煜、高翔7位同志组成,第七届纪委由张晓东、吴杰峰、赵君煜3位同志组成,张晓东同志任党委书记兼纪委书记。

2015年6月23日,合肥研究院决定:赵君煜、孙有文同志任等离子体所所长特聘助理。

(a)

(b)

合肥研究院关于赵君煜等同志职务任免的通知

2019年1月23日，国家发改委批复：同意建设国家重大科技基础设施项目"聚变堆主机关键系统综合研究设施"。该项目在国家、安徽省、合肥市支持下启动建设。

聚变堆主机关键系统综合研究设施园区（胡海临 摄）

(三)固体物理研究所(2014年9月—2020年5月)

2014年9月17日,合肥研究院决定:孟国文同志任固体所所长。秦勇(兼,时任固体所党委书记)、曾雉、刘长松同志任副所长。

中国科学院合肥物质科学研究院文件

科合院发人教字〔2014〕22号

合肥研究院关于孟国文等同志职务任免的通知

固体物理研究所:

经研究,决定:

孟国文同志任固体物理研究所所长,试用期一年。

秦勇同志任固体物理研究所副所长(兼)。

曾雉同志任固体物理研究所副所长。

刘长松同志任固体物理研究所副所长,试用期一年。

以上同志任期与合肥物质科学研究院领导班子任期一致。

—1—

合肥研究院关于孟国文等同志职务任免的通知

2014年11月18日,合肥研究院党委批复:同意固体所第七届党委由王先平、刘长松、李越、孟国文、秦勇5位同志组成,第七届纪委由汪国忠、秦勇、梁长浩3位同志组成,秦勇同志任党委书记兼纪委书记。

关于固体所党委、纪委换届选举结果的批复

2019年1月8日,合肥研究院党委决定:孟国文同志任固体所党委书记,免去秦勇同志固体所党委书记职务。

2019年1月12日,合肥研究院决定:免去秦勇同志固体所副所长职务。

关于孟国文等同志职务任免的通知

（四）合肥智能机械研究所（2014年10月—2020年5月）

2014年10月9日，合肥研究院决定：王儒敬同志任智能所副所长（主持工作），张忠平、黄行九同志任副所长。

中国科学院 **合肥物质科学研究院文件**

科合院发人教字〔2014〕33号

合肥研究院关于王儒敬等同志职务任免的通知

合肥智能机械研究所：

经研究，决定：

王儒敬同志任合肥智能机械研究所副所长（主持工作）。

张忠平同志任合肥智能机械研究所副所长。

黄行九同志任合肥智能机械研究所副所长，试用期一年。

以上同志任期与合肥物质科学研究院领导班子任期一致。

免去汪增福同志合肥智能机械研究所所长职务。

—1—

合肥研究院关于王儒敬等同志职务任免的通知

2014年11月18日，合肥研究院党委批复：同意智能所第七届党委由王儒敬、孔斌、刘善文、李民强、黄行九5位同志组成，第七届纪委由王振洋、宋宁、黄行九3位同志组成，黄行九同志任党委副书记兼纪委书记。

2016年9月7日,合肥研究院决定:马祖长、高理富同志任智能所副所长。

关于智能所党委、纪委换届选举结果的批复

合肥研究院关于马祖长和高理富职务任免的通知

2017年7月21日,合肥研究院决定:王儒敬同志任智能所所长。11月21日,合肥研究院党委决定:黄行九同志任智能所党委书记。

关于饶瑞中等职务任免的通知

关于黄行九同志任职的通知

（五）强磁场科学中心（2014年9月—2020年5月）

2014年9月17日，合肥研究院决定：匡光力同志任强磁场中心主任（兼，时任合肥研究院院长）。孙玉平同志任常务副主任，陈仙辉、田明亮、王俊峰3位同志任副主任。

(a)

(b)

关于匡光力等同志职务任免的通知

2014年11月18日，合肥研究院党委批复：同意强磁场中心第一届党总支委员会由孙玉平、邱宁、欧阳峥嵘、申飞、田明亮5位同志组成，孙玉平同志任党总支书记。

关于强磁场科学中心第一届
党总支选举结果的批复

2016年5月12日,合肥研究院决定:俞书宏同志任强磁场中心副主任,免去陈仙辉同志强磁场中心副主任职务。

合肥研究院关于俞书宏等同志职务任免的通知

2017年7月21日,合肥研究院决定:匡光力同志任国家稳态强磁场科学中心(筹)主任,孙玉平同志任强磁场中心主任,欧阳峥嵘同志任副主任。

关于匡光力等职务任命的通知　　关于饶瑞中等职务任免的通知

2017年12月8日,合肥研究院党委批复:同意强磁场中心第一届党委由田明亮、刘青松、孙玉平、邱宁、欧阳峥嵘5位同志组成,孙玉平同志任党委书记;第一届纪委由刘青松、邱宁、盛志高3位同志组成,邱宁同志任纪委书记。

2018年11月5日,合肥研究院决定:免去欧阳峥嵘同志强磁场中心副主任职务。

关于中国科学院强磁场科学中心
党委纪委选举结果的批复

(六)应用技术研究所(2014年8月—2020年5月)

2014年8月27日,合肥研究院决定:在安徽循环经济技术工程院的基础上,组建中国科学院合肥物质科学研究院应用技术研究所,采取"一套人马,两块牌子"管理机制。

(a)

(b)

2014年8月27日,应用技术研究所成立

应用技术研究所综合楼

应用所为合肥研究院内设非法人科研单元,固定岗位人员管理方式与合肥研究院其他科研单元相同,暂保留与地方共建的"安徽循环经济技术工程院"名称,其各项业务并入应用所,应用所根据建设发展需要,可探索市场化的用人制度。

2014年9月17日,合肥研究院决定:田兴友同志任应用所所长,梁华为、刘勇、王玲3位同志任副所长。

(a)

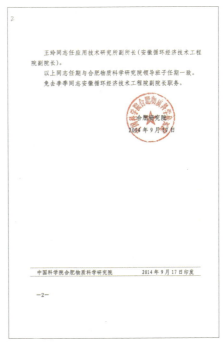
(b)

关于田兴友等同志职务任免的通知

2014年11月18日,合肥研究院党委批复:同意应用所第一届党总支委员会由梁华为、田兴友、刘勇、王玲、刘春艳5位同志组成;梁华为同志任党总支书记,刘勇同志任组织委员,田兴友同志任宣传委员,王玲同志任纪检委员,刘春艳同志任青年委员。

关于应用技术研究所第一届党总支选举结果的批复

2017年10月10日,合肥研究院批复:同意胡林华同志任应用所所长助理。

2017年12月21日,合肥研究院党委批复:同意应用所第一届党委由王玲、田兴友、刘勇、胡林华、梁华为5位同志组成,梁华为同志任党委书记;第一届纪委由刘勇、胡坤、潘旭3位同志组成,刘勇同志任纪委书记。

中国科学院 合肥物质科学研究院文件

科合院发人教字〔2017〕35号

合肥研究院关于应用技术研究所胡林华职务任命的批复

应用技术研究所：

你所《关于拟任胡林华同志所长助理职务的请示》（所发〔2017〕10号）收悉，经研究同意胡林华任应用技术研究所所长助理，任期与本届所领导班子一致。

合肥研究院

2017年10月[illegible]日

—1—

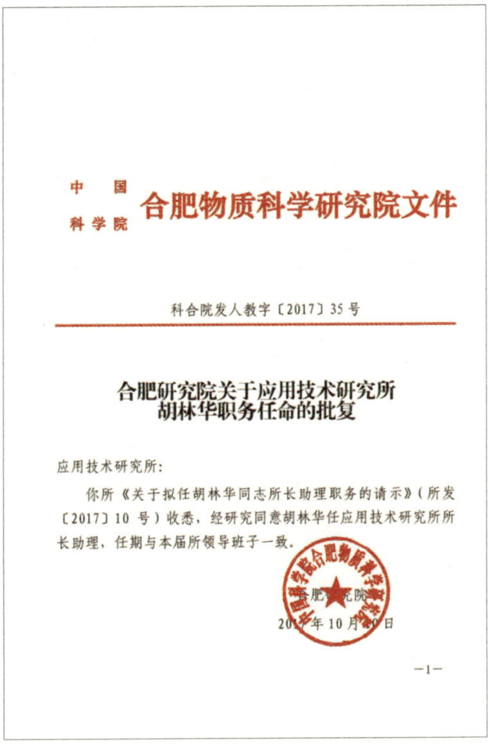

关于应用技术研究所胡林华职务任命的批复

中共中国科学院合肥研究院委员会文件

科合院发党字〔2017〕32号

关于中科院合肥研究院应用技术研究所党委纪委选举结果的批复

应用技术研究所党委：

你们12月13日《关于中科院合肥研究院应用技术研究所第一届党委委员、纪委委员选举情况的报告》（所发党字〔2017〕1号）收悉。

经研究，同意：第一届党委（以姓氏笔画为序）由：王玲、田兴友、刘勇、胡林华、梁华为等5人组成，梁华为同志任党委书记；第一届纪委（以姓氏笔画为序）由刘勇、胡坤、潘旭等3人组成，刘勇同志任纪委书记。

—1—

关于中科院合肥研究院应用技术研究所党委纪委选举结果的批复

（七）先进制造技术研究所（2014年9月—2020年5月）

2014年9月17日，合肥研究院决定：王容川同志任先进所所长，骆敏舟同志任常务副所长，孔令成同志任副所长；免去梁华为同志副所长职务。

2014 24 人事 永久

中国科学院 合肥物质科学研究院文件

科合院发人教字〔2014〕29号

合肥研究院关于王容川等同志职务任免的通知

先进制造技术研究所：

经研究，决定：

王容川同志任先进制造技术研究所所长，试用期一年。

骆敏舟同志任先进制造技术研究所常务副所长。

孔令成同志任先进制造技术研究所副所长。

以上同志任期与合肥物质科学研究院领导班子任期一致。

—1—

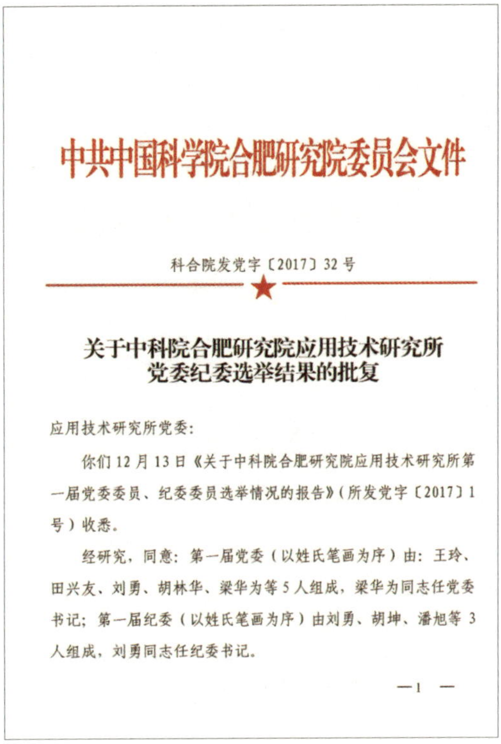

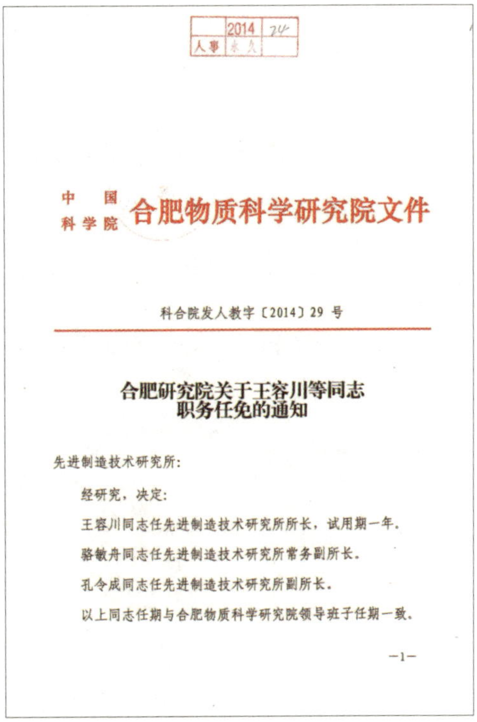

关于王容川等同志职务任免的通知

2014年11月18日,合肥研究院党委批复:同意先进所第二届党支部由孔令成、叶晓东、骆敏舟、徐林森4位同志组成;孔令成同志任党支部书记,骆敏舟同志任纪检委员,徐林森同志任宣传委员,叶晓东同志任组织委员。

关于先进制造技术研究所第二届支部委员会选举结果的批复

2015年7月20日,合肥研究院决定:免去骆敏舟同志先进所常务副所长职务。2016年1月28日,合肥研究院决定:叶晓东同志任先进所副所长。

关于叶晓东职务任免的通知

(八）核能安全技术研究所(2014年9月—2020年5月)

2014年9月17日,合肥研究院决定:吴宜灿同志任核能安全所所长,郁杰、林铭章、王世鹏3位同志任副所长。11月18日,合肥研究院党委批复:同意核能安全所第一届党总支委员会由吴宜灿、郁杰、赵柱民、蒋洁琼、程梦云5位同志组成,郁杰同志担任党总支书记。

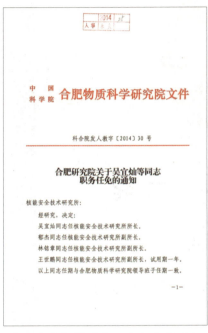

关于吴宜灿等同志职务任免的通知

关于核能安全技术研究所第一届党总支选举结果的批复

吴宜灿（1964—）安徽宿松人。2019年当选中国科学院院士。核能安全技术研究所创建者。2009—2014年,任等离子体物理研究所副所长;2014—2021年,任核能安全技术研究所所长。

2016年12月,核能安全所项目"新型核能系统的中子输运理论与高效利用方法"获国家自然科学二等奖。

"新型核能系统的中子输运理论与高效利用方法"国家自然科学奖获奖证书

2017年12月8日,合肥研究院党委批复:同意核能安全所第一届党委由王世鹏、吴宜灿、郁杰、赵柱民、蒋洁琼5位同志组成,第一届纪委由刘少军、孙智斌、郁杰3位同志组成,郁杰同志任党委书记兼纪委书记。

关于中国科学院核能安全技术研究所党委纪委选举结果的批复

(九)技术生物与农业工程研究所(2014年9月—2020年5月)

2014年9月17日,合肥研究院决定:吴李君同志任技术生物所所长,许安、吴丽芳同志任副所长。

合肥研究院关于吴李君等同志职务任免的通知

2014 14
党群 30年

中国科学院 合肥物质科学研究院文件

科合院发党字〔2014〕24号

关于技术生物与农业工程研究所第一届党总支选举结果的批复

技术生物与农业工程研究所党总支：

你们11月4日《关于技术生物与农业工程研究所党总支第一届党总支委员选举情况的报告》收悉。

经研究，同意第一届党总支委员会由许安、吴丽芳、吴正岩等3人组成。

同意由许安担任党总支书记，吴丽芳担任宣传委员，吴正岩担任组织委员和纪检委员。

—1—

关于技术生物与农业工程研究所
第一届党总支选举结果的批复

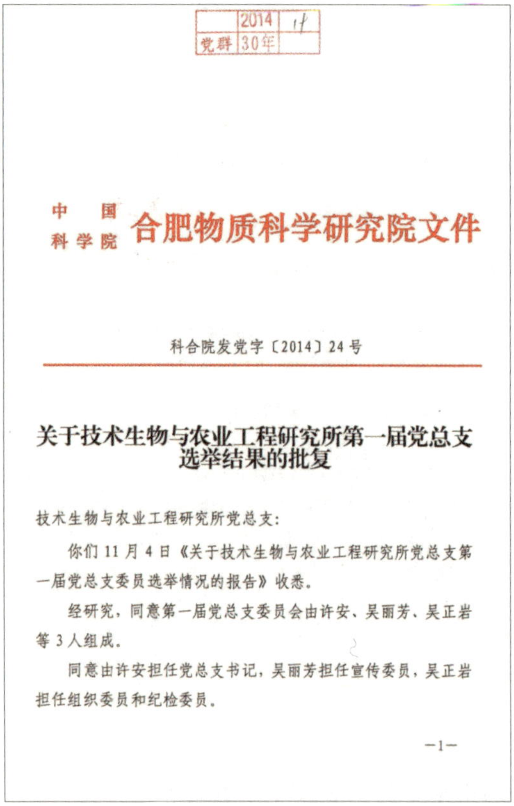

2014年11月18日，合肥研究院党委批复：同意技术生物所第一届党总支由许安、吴丽芳、吴正岩3位同志组成；许安同志任党总支书记，吴丽芳、吴正岩同志任委员。

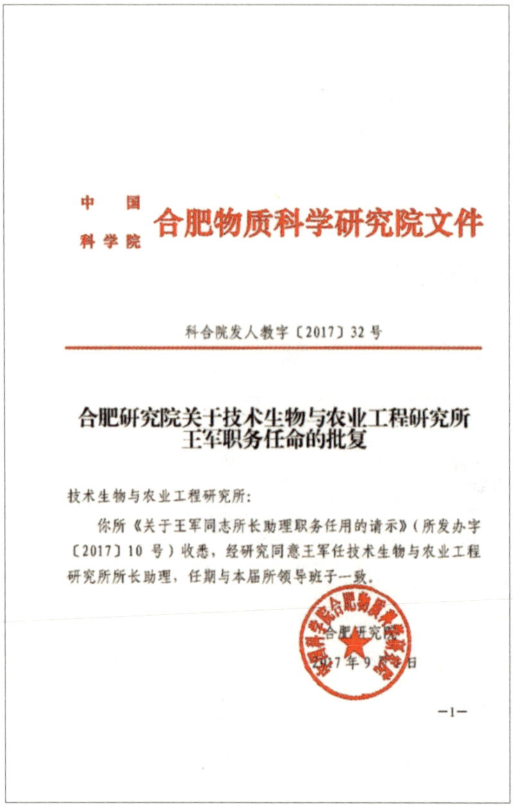

中国科学院 合肥物质科学研究院文件

科合院发人教字〔2017〕32号

合肥研究院关于技术生物与农业工程研究所王军职务任命的批复

技术生物与农业工程研究所：

你所《关于王军同志所长助理职务任用的请示》（所发办字〔2017〕10号）收悉，经研究同意王军任技术生物与农业工程研究所所长助理，任期与本届所领导班子一致。

合肥研究院
2017年9月1日

—1—

关于技术生物与农业工程研究所
王军职务任命的批复

2017年9月1日，合肥研究院同意：王军同志任技术生物所所长助理。2018年12月18日，合肥研究院免去吴李君同志技术生物所所长职务，许安同志主持工作。

(十)医学物理与技术中心(2014年9月—2020年5月)

2014年9月17日,合肥研究院决定:江海河同志任医学物理中心主任(兼合肥研究院副院长),王宏志同志任常务副主任,储焰南同志任副主任。

关于江海河等同志任职的通知

2016年12月1日,合肥研究院党委批复:同意由王宏志、储焰南、林源、曾萍、史秀翠、王恩君、沈成银7位同志组成医学物理中心新一届党总支;王宏志同志任党总支书记,储焰南同志任党总支副书记。

关于中共医学物理与技术中心总支委员会换届选举结果的批复

关于中科院合肥研究院医学物理与
技术中心党委纪委选举结果的批复

2017年12月21日,合肥研究院党委批复:同意医学物理中心第一届党委(以姓氏笔画为序)由王宏志、沈成银、林源、储焰南、曾萍5位同志组成,王宏志同志任党委书记,储焰南同志任党委副书记;第一届纪委(以姓氏笔画为序)由王恩君、史秀翠、储焰南3位同志组成,储焰南同志任纪委书记。

三、职能部门

2014年8月26日,合肥研究院院务会决定:研究院机关7个部门设置如下:综合处,下设党群办、监审办、基建办;人事教育处,下设离退休办;财务资产处;科研规划处;技术科研处,下设保密办、质量办、安保办;科技发展处;研究生处。

(a)　　　　　　　　(b)

合肥研究院院务会纪要

2014年9月28日,合肥研究院决定:程艳同志任综合处处长;邵风雷同志任副处长兼党群办公室主任;王锐同志任副处长兼纪检监察审计室主任;曾杰同志任综合处基建办公室主任;邹士平同志任人事教育处处长,孙裴兰同志任副处长兼离退休办公室主任;陈宗发同志任财务资产处处长,叶定同志任副处长;屈哲同志任科研规划处副处长(主持工作),任启龙同志任副处长;田志强同志任技术科研处处长兼质量办公室主任;谭立青同志任副处长兼保密办公室主任;连悦同志任技术科研处安全保卫办公室主任;王容川同志任科技发展处处长(兼,时任先进所所长),邓国庆同志任常务副处长;吴海信同志任研究生处处长,李贵明同志任副处长。

(a)   (b)

关于程艳等同志职务任免的通知

2015年3月19日,合肥研究院决定:吴海信同志任人事教育处处长,免去邹士平同志人事教育处处长职务。6月18日,合肥研究院决定:梁长浩同志任研究生处处长。

关于吴海信等同志职务任免的通知

关于梁长浩等同志职务任免的通知

2015年8月26日,合肥研究院决定:马兰同志任技术科研处安全保卫办公室副主任。11月5日,合肥研究院决定:孙宏同志任综合处基建办公室副主任。

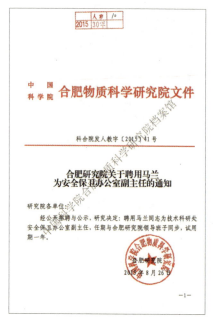

关于聘用马兰为安全保卫办公室副
主任的通知

关于聘用孙宏为基建办公室副主任
的通知

11月17日，合肥研究院决定：屈哲同志任科研规划处处长，邓国庆同志任科技发展处处长。

2017年1月18日，合肥研究院决定成立党建与监督处。1月19日，合肥研究院决定：邵风雷同志任党建与监督处副处长（主持工作），王锐同志任党建与监督处副处长兼纪检监察审计室主任。

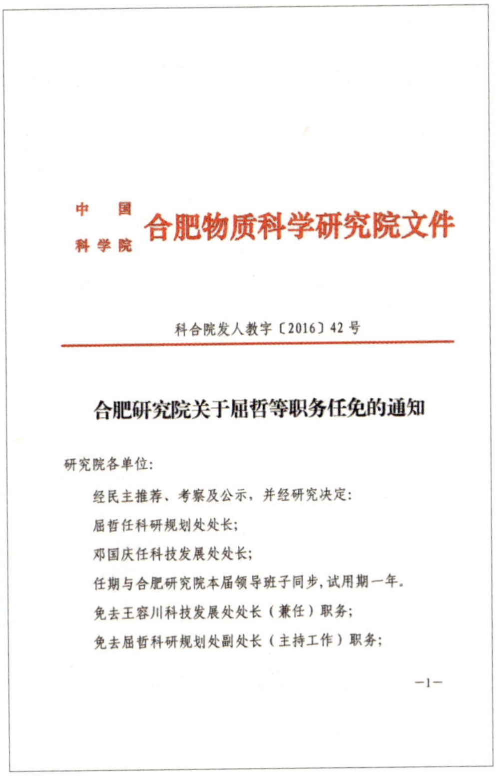
中国科学院 合肥物质科学研究院文件

科合院发人教字〔2016〕42号

合肥研究院关于屈哲等职务任免的通知

研究院各单位：

经民主推荐、考察及公示，并经研究决定：

屈哲任科研规划处处长；

邓国庆任科技发展处处长；

任期与合肥研究院本届领导班子同步，试用期一年。

免去王容川科技发展处处长（兼任）职务；

免去屈哲科研规划处副处长（主持工作）职务；

—1—

关于屈哲等职务任免的通知

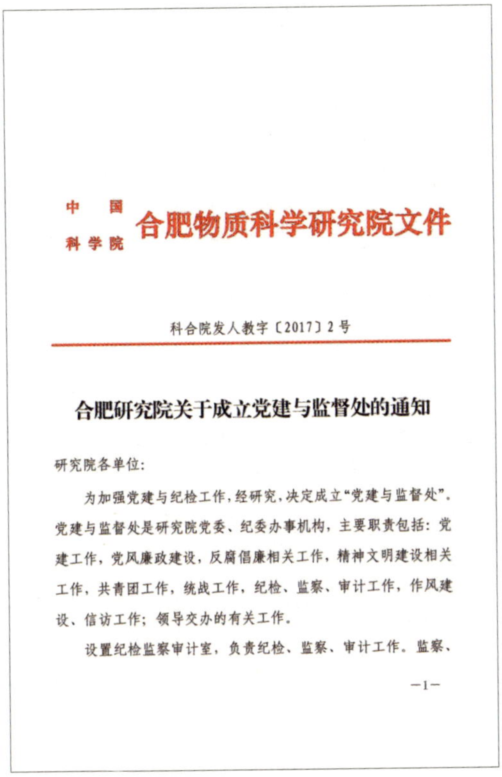
中国科学院 合肥物质科学研究院文件

科合院发人教字〔2017〕2号

合肥研究院关于成立党建与监督处的通知

研究院各单位：

为加强党建与纪检工作，经研究，决定成立"党建与监督处"。党建与监督处是研究院党委、纪委办事机构，主要职责包括：党建工作，党风廉政建设，反腐倡廉相关工作，精神文明建设相关工作，共青团工作，统战工作，纪检、监察、审计工作，作风建设、信访工作；领导交办的有关工作。

设置纪检监察审计室，负责纪检、监察、审计工作。监察、

—1—

关于成立党建与监督处的通知

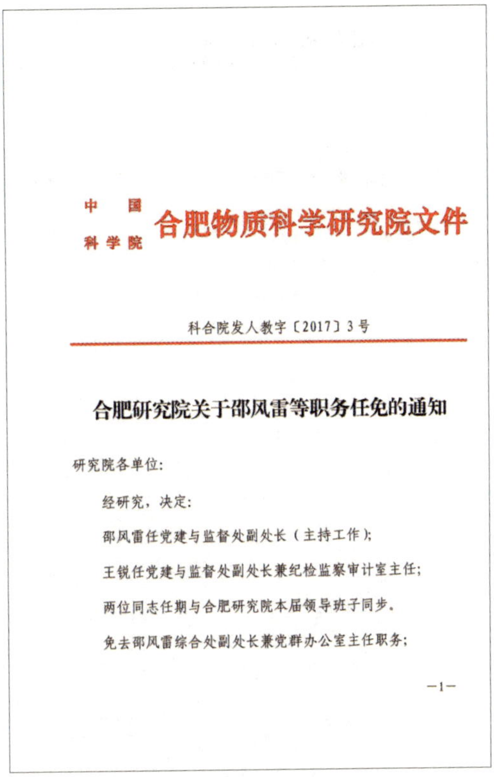
中国科学院 合肥物质科学研究院文件

科合院发人教字〔2017〕3号

合肥研究院关于邵风雷等职务任免的通知

研究院各单位：

经研究，决定：

邵风雷任党建与监督处副处长（主持工作）；

王锐任党建与监督处副处长兼纪检监察审计室主任；

两位同志任期与合肥研究院本届领导班子同步。

免去邵风雷综合处副处长兼党群办公室主任职务；

—1—

关于邵风雷等职务任免的通知

2017年10月10日，合肥研究院研究决定：邵风雷同志任党建与监督处处长兼纪检监察审计室主任，王锐同志任综合处副处长，陈套同志任党建与监督处副处长，王玉华同志任科技发展处副处长。

2017年12月22日，合肥研究院党委批复：同意第一届机关党委由孔令成、许安、孙裴兰、李贵明、邹士平、张恒芳、邵风雷7位同志组成，邹士平同志任机关党委书记，邵风雷同志任机关党委副书记；第一届机关纪委由叶定、许安、张恒芳、邵风雷、谭立青5位同志组成，邵风雷同志任机关纪委书记。

关于邵风雷等4位同志职务任免的通知

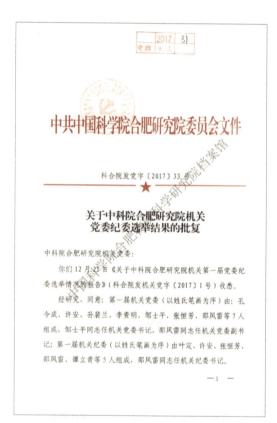

关于中科院合肥研究院机关党委纪委选举结果的批复

学术委员会

2015年3月18日，合肥研究院对学术委员会进行换届。合肥研究院第四届学术委员会由下列人员组成：

主　任：刘文清

副主任：李建刚　蔡伟平

委　员（按姓氏笔画为序）：

　　毛庆和　王俊峰　叶民友　刘长松　刘文清　孙玉平　孙兆奇
　　孙怡宁　刘海燕　宋云涛　吴玉程　陈仙辉　吴丽芳　汪　凯
　　张忠平　李建刚　李　陶　郁　杰　俞书宏　俞汉青　骆敏舟
　　徐国盛　梁华为　储焰南　蔡伟平

秘　书：屈　哲

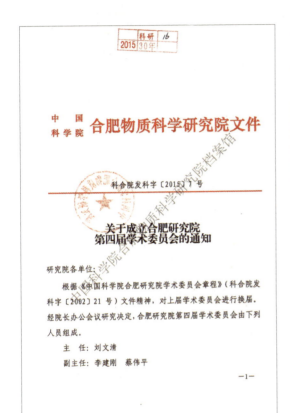

(a)

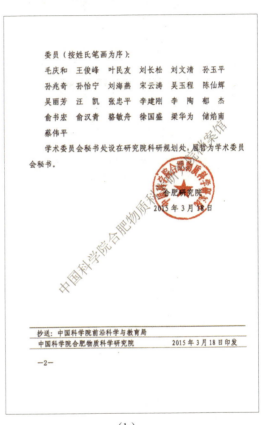

(b)

关于成立合肥研究院第四届学术委员会的通知

工会与职代会

2015年3月13日，合肥研究院选出第三届职工代表大会主席团成员暨工会委员。王玲、许安、李平、李民强、李晓风、欧阳峥嵘、林源、费广涛、贺宜星、高昌庆、徐林森、黄群英、程艳（研究院机关）、程艳（等离子体所）、魏合理15位同志（按姓名笔画为序）为第三届职代会主席团成员，魏合理同志为主席团主席；李平、程艳（研究院机关）、李晓风、费广涛4位同志为副主席,孔令成、王英俭、王勇、申飞、孙智斌、伍德侠、宋宁、李军、杨洪鸣、吴桂、赵鹏、程艳（研究院机关)、滕雪梅13位同志(按姓名笔画为序)为第三届工会委员会成员,王英俭同志任工会主席,程艳同志(研究院机关)任工会副主席。

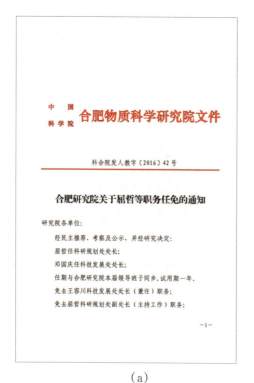 

（a） （b）

关于屈哲等职务任免的通知

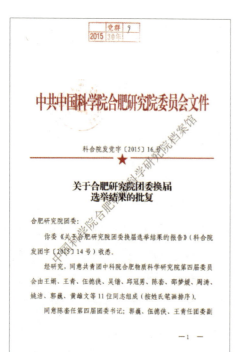

共青团

2015年5月18日,合肥研究院党委批复:同意共青团研究院第四届委员会由王娟、王青、伍德侠、吴锴、邱冠男、陈套、邵梦媛、周涛、姚洁、郭巍、黄雄文11位同志组成;陈套同志任团委书记,郭巍、伍德侠、王青3位同志任团委副书记。

关于合肥研究院团委
换届选举结果的批复

四、支撑部门

2014年12月15日,合肥研究院决定:李晓风同志任信息中心主任,张曙、谭海波同志任副主任;李平同志任科学岛服务中心主任,张恒芳、沈思源同志任副主任;陶坚波同志任学校校长,张国庆同志任学校常务副校长,贺宜星同志任学校副校长。

(a) (b)

关于李晓风等同志职务任免的通知

2015年5月28日,合肥研究院同意:王宏志同志任肿瘤医院院长(兼),曾萍、史秀翠、夏莉3位同志任副院长。

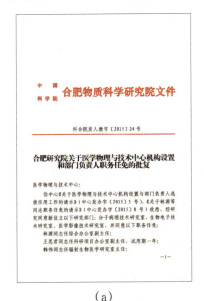 

(a) (b)

关于医学物理与技术中心机构设置和部门负责人职务任免的批复

五、合作与成果转化

2014年10月9日,合肥研究院决定:聘任高昌庆同志为合肥中科研究院资产管理有限公司总经理(法定代表人)。

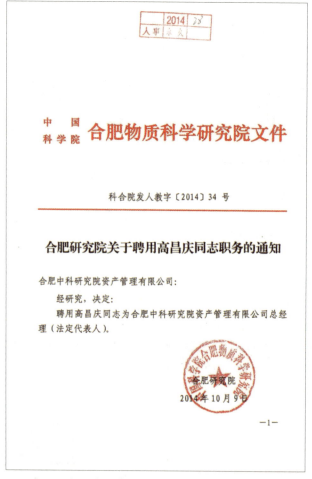

关于聘用高昌庆同志职务的通知

(一)中国科学院合肥技术创新工程院(2014年6月—2020年4月)

2014年6月25日,合肥市人民政府和中科院合肥物质科学研究院签订"战略合作协议",决定成立中国科学院合肥技术创新工程院,并通过体制机制创新,成立中国科学院(合肥)技术创新工程院有限公司,采用"两块牌子,一套人马"的企业化运作方式推进项目成果转移、落地。

(a)   (b)

2014年10月24日，中国科学院合肥技术创新工程院正式成立

2014年10月9日，合肥研究院决定：李季同志任合肥技术创新工程院院长，何建军、吴仲城、彭辉、黄叙新4位同志任副院长。

关于李季等同志任职的通知

(二)安徽工业技术创新研究院(2017年1月—2020年4月)

2014年9月17日,合肥研究院决定:田兴友同志任安徽循环经济技术工程院院长,梁华为、刘勇、王玲3位同志任副院长;免去李季同志安徽循环经济技术工程院副院长职务。

(a)

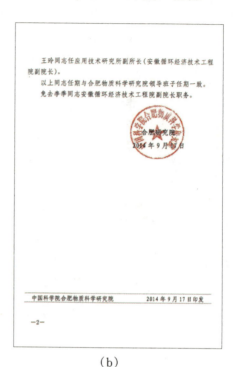
(b)

关于田兴友等同志职务任免的通知

2017年1月23日,经安徽省机构编制委员会办公室研究并报省编委领导同意,安徽循环经济技术工程院更名为安徽工业技术创新研究院。

关于同意安徽循环经济技术工程院更名为安徽工业技术创新研究院的批复

(三) 合肥离子医学中心(2015年10月—至今)

2015年10月,合肥市人民政府与合肥研究院合作共建"合肥离子医学中心",采用"研制+引进"模式,充分利用合肥研究院在国家大科学工程装置建设中积累的技术优势,自主研制国产化超导质子治疗系统并实现产业化,推动我国肿瘤高端放射治疗领域研究。

2016年3月,由合肥产业投资控股(集团)有限公司、合肥高新产业投资有限公司、合肥研究院共同出资成立了合肥中科离子医学技术有限公司。2020年12月,中科离子自主研发团队成功研制出加速器,顺利引出200 MeV的质子束流,成功研制国产化最紧凑型超导回旋质子加速器,打破了国外厂商对高能量级超导回旋加速器的垄断,并预计于2022年完成合肥超导质子治疗系统的研发,实现产业化。

建设中的合肥离子医学中心(邓国庆 供)

(四) 中科蚌埠技术转移中心(2019年1月—至今)

2019年1月16日,中国科学院合肥物质科学研究院与蚌埠市人民政府签订战略合作协议,合作共建蚌埠军民融合科技成果转化中心,负责组织中国科学院系统科技创新成果在蚌转化,推进院企共建研发机构。

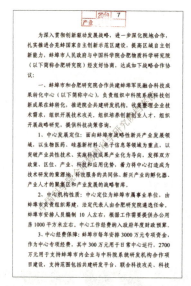 

(a)　　　　　　　　　　(b)

中科蚌埠技术转移中心战略合作协议

2019年6月26日,蚌埠市人民政府经市政府第61次专题会议研究,同意成立中科蚌埠技术转移中心。

2019年9月26日,合肥研究院决定:李军同志任中科蚌埠技术转移中心主任,盖艳波同志任中科蚌埠技术转移中心副主任。

2019年10月29日,中科蚌埠技术转移中心取得事业单位法人证书。

 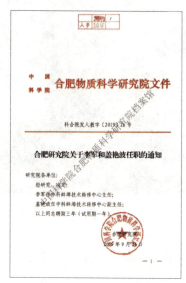

关于同意成立中科蚌埠技术　　　关于李军和盖艳波任职的通知
转移中心的批复

（五）安徽工业技术创新研究院六安院（2019年4月—2020年6月）

2019年4月28日，中国科学院合肥物质科学研究院与六安市人民政府签订战略合作协议，双方共建"安徽综合技术创新研究院（六安）"。

(a)   (b)

六安市人民政府与中国科学院合肥物质科学研究院战略合作协议

2019年12月22日，六安市委机构编制委员会批复：同意设立"安徽工业技术创新研究院六安院"，实行六安市和金安开发区共管，金安开发区管委会主任兼任院长。

2020年2月28日，安徽工业技术创新研究院六安院取得事业单位法人证书。

(a)   (b)

关于安徽工业技术创新研究院六安院机构编制的批复

2019—2021

一、领导班子(2019年10月—2021年11月)

2019年10月11日,中科院党组决定:刘建国同志任合肥研究院院长,黄晨光同志任党委书记,吴海信、宋云涛、王俊峰、程艳、杨金龙(兼,时任中国科学技术大学副校长)5位同志任副院长。

(a)

(b)

中共中国科学院党组关于刘建国等同志职务任免的通知

合肥研究院办公楼(二号楼)(胡海临 摄)

领导班子宣布会合影(王天昊 供)
(左起:吴海信、邹士平、黄晨光、侯建国、刘建国、宋云涛、王俊峰、程艳)

2019年10月11日,中科院党组批复:决定吴海信同志任中国科学技术大学副校长(兼,时任合肥研究院副院长)。

2020年5月12日,合肥研究院修订形象标识。

合肥研究院新院徽

2020年11月23日,合肥研究院党委召开第五次党员代表大会,田兴友、刘建国、吴海信、吴新潮、邹士平、宋云涛、邵风雷、黄晨光、程艳9位同志当选为合肥研究院第五届党委委员(按姓氏笔画为序),王锐、许安、邹士平、屈哲、翁宁泉5位同志当选为合肥研究院第五届纪委委员(按姓氏笔画为序)。

2020年11月23日,中科院党组批复:同意黄晨光同志任合肥研究院党委书记,邹士平同志任党委副书记、纪委书记。

中共中国科学院党组任免通知

科发党任字〔2020〕153号

中共中国科学院党组
关于黄晨光、邹士平同志任职的通知

中共合肥物质科学研究院委员会:

经研究,同意:

黄晨光同志任合肥物质科学研究院党委书记;

邹士平同志任合肥物质科学研究院党委副书记、纪委书记。

中共中国科学院党组
2020年11月23日

— 1 —

关于黄晨光、邹士平同志任职的通知

2020年12月,孟国文、杨良保、董荣录等申报的项目"拉曼光谱快速检测毒品毒物的增强基片、方法及仪器的关键技术"获国家技术发明二等奖。

"拉曼光谱快速检测毒品毒物的增强基片、方法及仪器的关键技术"国家技术发明奖获奖证书

二、科研单元

2020年5月6日,合肥研究院决定,设置7个科研单元,分别是:安徽光学精

密机械研究所、等离子体物理研究所、固体物理研究所、合肥智能机械研究所、强磁场科学中心、核能安全技术研究所、健康与医学技术研究所;撤销技术生物与农业工程研究所,相关团队并入智能所、强磁场中心;撤销应用技术研究所,相关团队并入固体所、安光所、智能所;先进制造所并入智能所;原医学物理中心与强磁场中心有关团队合并组成健康所与医学技术研究所。

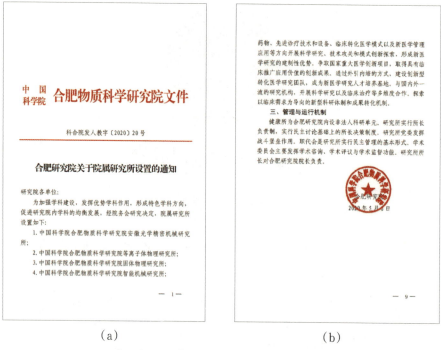

(a) (b)

关于合肥研究院院属研究所设置的通知

2020年6月30日,合肥研究院党委决定:谢品华同志任安光所党委书记兼纪委书记,吴新潮同志任等离子体所党委书记兼纪委书记,田兴友同志任固体所党委书记兼纪委书记,吴丽芳同志任智能所党委书记兼纪委书记,许安同志任强磁场中心党委书记兼纪委书记。

关于谢品华等同志职务任免通知

（一）安徽光学精密机械研究所（2020年5月—2021年11月）

2020年5月6日，合肥研究院决定：郑小兵同志任安光所所长，谢品华、朱文越、刘勇、赵南京、熊伟、张庆礼6位同志任副所长，合肥研究院党委批复：同意谢品华同志任安光所党委书记、纪委书记。

 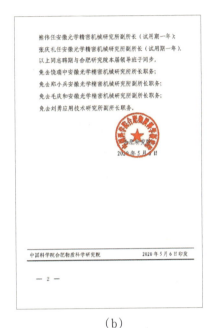

(a)   (b)

关于郑小兵等职务任免的通知

2020年6月30日，合肥研究院党委批复：同意冯雪松、朱文越、刘勇、张庆礼、郑小兵、赵南京、谢品华、熊伟、薛辉9位同志任党委委员，冯雪松、刘勇、张志荣、黄宏华、谢品华5位同志任纪委委员。

安光所（一号楼）（胡海临 摄）

(二)等离子体物理研究所(2020年5月—2021年11月)

2020年5月6日,合肥研究院决定:宋云涛同志任所长(兼,时任合肥研究院副院长),吴新潮、刘甫坤、陈俊凌、胡建生、徐国盛、陆坤6位同志任副所长。

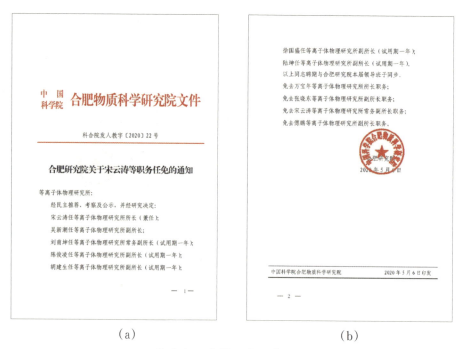

关于宋云涛等职务任免的通知

2020年6月30日,合肥研究院党委批复:同意吴新潮、宋云涛、陆坤、何友珍、钱金平、徐国盛、高翔7位同志任第八届党委委员,吴新潮、吴杰峰、陆坤3位同志任第八届纪委委员。

等离子体所(四号楼)(胡海临 摄)

(三) 固体物理研究所(2020年5月—2021年11月)

2020年5月6日,合肥研究院决定:梁长浩同志任固体所所长,田兴友、李越、刘长松、黄行九、朱雪斌、汪国忠6位同志任副所长。

(a)

(b)

关于梁长浩等职务任免的通知

2020年6月30日,合肥研究院党委批复:同意王先平、田兴友、朱雪斌、伍志鲲、刘长松、李越、汪国忠、黄行九、梁长浩9位同志任第八届党委委员,王振洋、田兴友、刘毛、吴学邦、鲁文建5位同志任第八届纪委委员。

固体所(三号楼)(胡海临 摄)

(四)合肥智能机械研究所(2020年5月—2021年11月)

2020年5月6日,合肥研究院决定:王容川同志任智能所所长,吴丽芳、马祖长、梁华为、高理富、叶晓东、宋全军6位同志任副所长。

(a)　　　　　　　　　　　(b)

关于王容川等职务任免的通知

2020年6月30日,合肥研究院党委批复:同意智能所第八届党委由刘善文、宋全军、孔令成、吴丽芳、叶晓东、孙少明、梁华为、谢成军8位同志组成,第八届纪委由孔令成、吴丽芳、王智灵、魏圆圆4位同志组成。

2021年1月8日,因王容川同志调任安徽省政协副秘书长,合肥研究院决定:免去王容川同志智能所所长职务。

智能所智新楼(胡海临　摄)

(五)强磁场科学中心(2020年5月—2021年11月)

2020年5月6日,合肥研究院决定:孙玉平同志任强磁场中心主任,许安、田长麟、皮雳、盛志高、杜海峰、张欣6位同志任副主任。

(a)

(b)

关于孙玉平等职务任免的通知

2020年5月6日,合肥研究院党委批复:同意许安同志任强磁场中心党委书记。6月30日,合肥研究院党委批复:同意强磁场中心第二届党委由许安、孙玉平、张俊、陈峰、盛志高5位同志组成,许安、吴芳明、陈峰3位同志任第二届纪委委员。

强磁场中心(胡海临 摄)

（六）核能安全技术研究所（2020年5月—2021年11月）

2020年5月6日，合肥研究院决定：吴宜灿同志任核能安全所所长，王世鹏同志任副所长，郁杰同志任常务副所长，裴刚、赵柱民、宋勇3位同志任副所长。

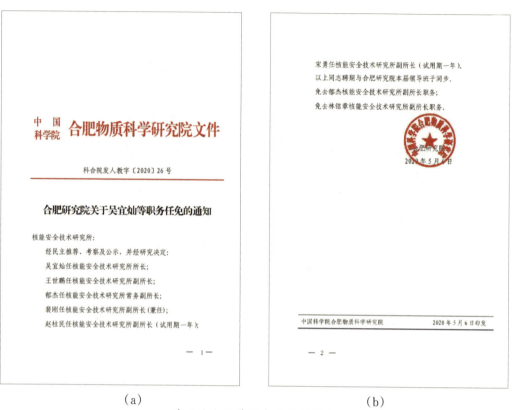

（a）　　　　　　　　（b）

关于吴宜灿等职务任免的通知

2020年6月28日，合肥研究院决定：免去赵柱民同志核能安全所副所长职务。

2020年9月23日，合肥研究院党委批复：同意吴海信同志兼任核能安全所党委书记，王锐同志任党委副书记；郁杰同志任纪委书记；王世鹏同志不再担任党委书记、纪委书记。

2020年9月25日，合肥研究院决定：王锐同志任核能安全所副所长（兼，时任研究院人事处副处长）。王世鹏同志不再担任核能安全所副所长职务。

2021年7月27日，合肥研究院决定：同意吴宜灿同志辞去核能安全所所长职务，郁杰任常务副所长。

2021年10月13日，合肥研究院决定：免去宋勇同志核能安全所副所长职务。

关于吴海信等同志职务任免的通知　　　　关于王锐等职务任免的通知

核能安全所（胡海临　摄）

（七）健康与医学技术研究所（2020年5月—2021年11月）

2020年5月6日，合肥研究院决定：刘青松同志任健康所所长，王宏志、储焰南、方志友3位同志任副所长。

关于刘青松等职务任免的通知

2020年5月6日，合肥研究院党委决定：成立健康与医学技术研究所党委、纪委，王宏志同志任党委书记、纪委书记。

2020年5月20日，健康所经所务会研究，成立健康所党委、纪委筹备工作小组，在合肥研究院党委的指导下负责相关筹备工作，具体名单为：组长，王宏志；副组长，刘青松、储焰南；成员，曾萍、林源、王恩君、史秀翠、丁希平、沈成银、傅芳、梁小飞；秘书，傅芳（兼）。

关于成立健康与医学技术研究所党委纪委及干部任职通知

2020年6月30日,合肥研究院党委批复:同意健康所党委由王宏志、王恩君、刘青松、陈学冉、林源、储焰南、曾萍7位同志组成,纪委由王宏志、史秀翠、沈成银、梁小飞、傅芳5位同志组成,王宏志同志任党委书记兼纪委书记。

关于成立健康所党委、纪委筹备工作小组的通知

关于同意健康所党委纪委选举结果的批复

健康所(胡海临 摄)

三、职能部门

2020年1月21日,合肥研究院对职能处室、直属机构、支撑部门设置进行调整,并同步招聘部门负责人。调整后的职能处室包括院长办公室(下设新闻与传播中心)、党委办公室、监督与审计处(下设审计办公室)、人事处(下设离退休办公室、人才交流办公室)、财务处、资产与条件保障处(下设基建办公室)、科研规划处(含规划办公室)、高技术与质量处(下设质量计量办公室)、国际合作处(下设外事办公室)、科技促进发展处(下设知识产权办公室)、科学中心与基础设施处、研究生处、安全保密处(下设保密办公室与安全保卫办公室)。

(a)   (b)

关于职能处室、直属机构、支撑部门设置和负责人竞聘上岗的通知

2020年5月6日,合肥研究院决定:陈宗发同志任合肥研究院总会计师,田志强同志任高技术与质量处总工程师,李晓风同志任信息中心总工程师;滕雪梅同志任院长办公室主任,王杰同志任院长办公室副主任;孙策同志任院长办公室新闻与传播中心主任;邵风雷同志任党委办公室主任,陈套同志任党委办公室副主任;翁宁泉同志任监督与审计处处长,辛海波同志任监督与审计处副处长,陆铭同志任监督与审计处审计办公室主任;王鸿梅同志任人事处处长,王

锐同志任人事处副处长（正处级），王辉同志任人事处副处长，吴婧同志任人事处离退休办公室主任，张玉同志任人事处人才交流办公室主任；叶定同志任财务处处长，吴涛同志任财务处副处长；赵鹏同志任资产与条件保障处处长，李军同志任资产与条件保障处副处长；曾杰同志任资产与条件保障处基建办公室主任，孙宏同志任资产与条件保障处基建办公室副主任；屈哲同志任科研规划处处长兼发展规划办公室主任，吕波同志任科研规划处副处长；阚瑞峰同志任高技术与质量处处长，胡小晔同志任高技术与质量处副处长，朱正恺同志任高技术与质量处质量计量办公室主任；董少华同志任国际合作处处长，田汉同志任国际合作处副处长；周姝同志任国际合作处外事办公室主任；邓国庆同志任科技促进发展处处长，邓九安同志任科技促进发展处副处长；文辉同志任科技促进发展处知识产权办公室主任；张寿彪同志任科学中心与基础设施处处长，伍德侠同志任科学中心与基础设施处副处长；李贵明同志任研究生处处长；徐伟宏同志任研究生处副处长（正处级），孙凌云同志任研究生处副处长；谭立青同志任安全保密处处长，张艳辉同志任安全保密处副处长，朱卉乔同志任安全保密处保密办公室主任，马兰同志任安全保密处安全保卫办公室主任。

关于滕雪梅等职务任免的通知

2020年5月6日,合肥研究院党委批复:同意成立离退休党委和研究生党委,王锐同志任离退休党委书记,徐伟宏同志任研究生党委书记。

2020年7月28日,合肥研究院党委批复:同意机关党委由叶定、孙裴兰、李平、李贵明、邹士平、邵风雷、屈哲、翁宁泉、高昌庆9位同志组成,邹士平同志任书记、邵风雷同志任常务副书记、翁宁泉同志任副书记;机关纪委由王鸿梅、邓国庆、翁宁泉、谭立青、滕雪梅5位同志组成,翁宁泉同志任书记。

关于成立离退休党委及干部任职通知

关于成立研究生党委及干部任职通知

关于同意中共中科院合肥研究院机关党委纪委选举结果的批复

学术委员会

2020年7月20日,研究院对学术委员会进行换届。合肥研究院第五届学术委员会由下列人员组成:

主　　任:刘文清

副主任:李建刚、吴宜灿

委　　员(按姓氏笔画为序):

万宝年　王英俭　王俊峰　王容川　孙玉平　孙怡宁　匡光力
伍志鲲　刘建国　刘青松　江海河　宋云涛　陈仙辉　吴丽芳
吴海信　汪　凯　杨金龙　李　越　郑小兵　孟国文　郁　杰
郑　磊　胡以华　胡建生　俞书宏　俞本立　俞汉青　封东来
袁　亮　梁长浩　梅　涛　黄晨光　谢品华　谢　毅　傅　鹏
蔡伟平

秘　　书:屈　哲

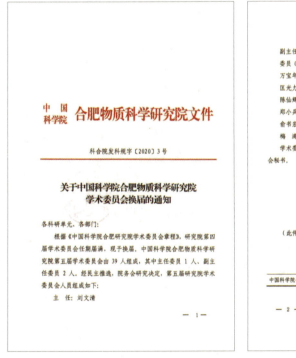
(a)

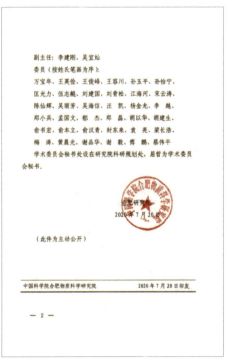
(b)

关于中国科学院合肥物质科学研究院学术委员会换届的通知

工会与职代会

2020年12月23日,安徽省直工会批复:同意合肥研究院第四届工会委员会选举结果,同意王莹、王晓林、申飞、吴桂、汪建业、宋宁、宋全军、张庆礼、陆茜茜、邵风雷、邵利荣、邵梦媛、袁春燕、黄晨光、程艳(等离子体所)15位同志组成院第四届工会委员会委员,黄晨光同志任主席,邵风雷同志任副主席。

(a)

(b)

关于同意中国科学院合肥物质科学研究院第四届工会会员代表大会选举结果的批复

关于合肥研究院团委换届
选举结果的批复

共青团

2020年11月13日,合肥研究院党委批复:同意合肥研究院第五届团委由王浩翔、叶华龙、闫广厚、闫静、邱冠男、邵梦媛、查想、姚洁、贺晓航9位同志组成,贺晓航同志任书记,闫静、叶华龙同志任副书记。

四、支撑部门与直属机构

2020年1月21日,合肥研究院对直属机构、支撑部门进行调整,并同步招聘相关负责人。直属机构调整为合肥科学岛控股有限公司、中国科学院合肥肿瘤医院、附属学校,支撑部门为信息中心、服务中心、档案馆、文献情报与期刊中心、计量与检测中心、合肥现代科技馆。

(一)支撑部门

2020年5月6日,合肥研究院决定:谭海波同志任信息中心主任,赵赫同志任信息中心副主任;李平同志任服务中心主任,沈思源同志任服务中心副主任,吴桂同志任服务中心副主任,张晓伟同志任服务中心副主任;申飞同志任档案馆主任,储慧同志任档案馆副主任;关柯同志任文献情报与期刊中心副主任(主持工作),胡长进同志任文献情报与期刊中心副主任,许平同志任文献情报与期刊中心副主任;王兆明同志任计量与检测中心副主任(主持工作),邵淑芳同志任计量与检测中心副主任;孙裴兰同志任合肥现代科技馆馆长。

(二)直属机构

2020年5月6日,合肥研究院决定:高昌庆同志任合肥科学岛控股有限公司总经理。

2020年6月2日,合肥研究院决定:王宏志同志任肿瘤医院院长(兼,时任健康所党委书记、副所长),曾萍、夏莉、史秀翠、林源(兼,时任健康所综合办主任)、王恩君5位同志任副院长。

(a) (b)

关于王宏志等职务任免的通知

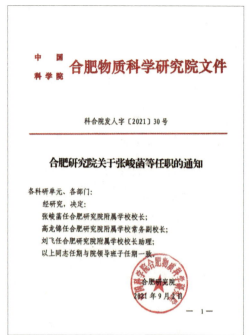

2021年9月2日,合肥研究院决定:张峻菡同志任附属学校校长,高龙锦同志任常务副校长,刘飞同志任校长助理。

关于张峻菡等任职的通知

五、合作与成果转化

(一)安徽工业技术创新研究院(2020年4月至今)

2020年4月8日,合肥研究院决定:李季同志任工研院院长,吴仲城、王玲、王玉华3位同志任副院长;免去田兴友同志院长职务,免去梁华为、刘勇同志副院长职务。

(a)

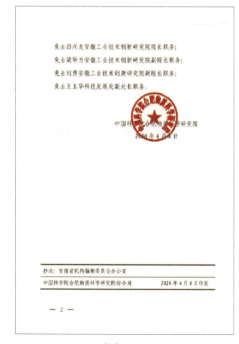

(b)

关于李季等职务任免的通知

2020年6月12日,合肥研究院决定:陈林、戴庞达同志任工研院副院长,胡坤同志任工研院六安院副院长。

2021年10月13日,合肥研究院决定:宋勇同志任工研院副院长,吴仲城、王玉华同志不再担任工研院副院长职务。

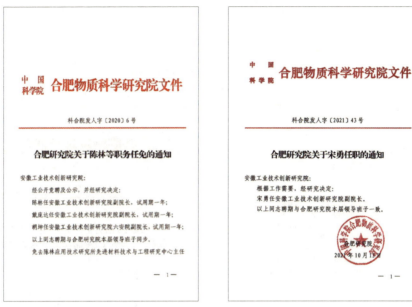

关于陈林等职务任免的通知　　　　关于宋勇任职的通知

(二)中科院合肥技术创新工程院(2020年4月至今)

2020年4月8日,合肥研究院决定:吴仲城同志任创新院院长,黄叙新同志任副院长。

(a)　　　　　　　　　　(b)

关于吴仲城等职务任免的通知

根据中科院《关于开展所级分支机构专项清理工作的通知》的要求。2021年7月16日,研究院将"中国科学院合肥技术创新工程院"更名为"合肥技术创新工程院",同时将举办单位由"中国科学院合肥物质科学研究院"变更为"合肥科学岛控股有限公司",法定代表人由匡光力变更为吴仲城。

2021年8月11日,"合肥技术创新工程院"更名为"中科院合肥技术创新工程院"。

关于开展所级分支机构专项清理工作的通知

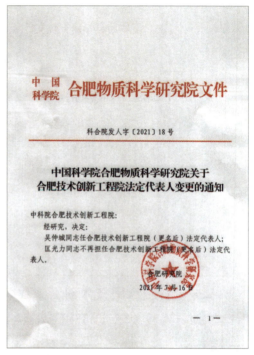
关于合肥技术创新工程院法定代表人变更的通知

科学岛全景

2021年10月13日,合肥研究院决定:吴仲城同志任创新院院长,王玉华同志任副院长。

关于吴仲城职务续聘的通知　　　　　　　关于王玉华任职的通知

六、代表性产业化公司

（一）等离子体所电器设备厂

等离子体所电器设备厂成立于1986年1月,由等离子体所创办。1995年7月并入由等离子体所注册成立的合肥科聚高技术有限责任公司,注册资本900万元,主要生产销售"发电机灭磁及过电压保护装置,氧化锌避雷器,发电机励磁系统等"。1999年底合并进入科大创新股份有限公司。负责人先后为王川、冯士芬、彭辉。

（二）安徽中科智能高技术有限责任公司

安徽中科智能高技术有限责任公司前身为智能所于1990年3月成立的"中国科学院合肥智能机械研究所高技术开发公司",2001年6月改制为"安徽中科智能高技术有限责任公司",伍先达担任法定代表人、董事长,李锋担任总经理,2013年11月至今,万苙新担任法定代表人、总经理。公司位于合肥市高新区,注册资本351.13万元。

公司是国家高新技术企业,主要从事智能技术及其产品的研发、生产、销售,在电梯检测和密封性能检测领域的系列产品占有国内最大市场份额,并远销欧美国家。

（三）合肥聚能电物理高技术开发有限公司

合肥聚能电物理高技术开发有限公司成立于1990年3月,坐落于合肥市蜀山区,注册资本198.5262万元,对内称"等离子体所研制中心"。公司2003年10月前为全民所有制企业,其后变更为有限责任公司。2003年10月,公司法人代表由任兆杏变更为匡光力;2005年9月,变更为武松涛;2008年5月,变更为吴新潮;2017年12月,变更为赵君煜;2020年12月,变更为刘甫坤;2005年9月,公司总经理由陈思跃变更为吴杰峰至今。

公司主要从事电物理装置的设计及研制,是国内外重要的电物理设备研制基地。先后获得"国家高新技术企业""BEPCⅡ重大贡献参建单位""北京正负电子对撞机重大贡献奖""国家重大技术装备成果奖""国家科技进步特等奖"等多项称号荣誉。

（四）合肥科瑞电子有限责任公司

合肥科瑞电子有限责任公司成立于1992年6月,坐落在合肥市蜀山区,注册资本295.05万元,季晓东任法定代表人、总经理。1999年8月,鲍健任法定代表人、总经理(担任至今)。2001年11月改制成有限责任公司,王安任法定代表人。2010年12月,刘建国任法定代表人。2016年10月,毛庆和任法定代表人。2021年7月法定代表人变更为刘勇。

公司是专业从事军用空调控制器与军用液冷源控制器产品设计和生产的国家高新技术企业,产品在国内军用空调控制器市场上占有一定份额。

(五)合肥天安消防电子设备厂

合肥天安消防电子设备厂成立于1993年3月,由合肥智能所创办,注册资本75万元,负责人为张维农。该厂主要生产销售"火灾自动报警系列产品"。1999年底该厂合并进入科大创新股份有限公司。

(六)合肥科晶材料技术有限公司

合肥科晶材料技术有限公司由安光所和国际材料技术公司(MTI)于1997年6月合资成立,现坐落于合肥市高新区,注册资本504.91万美元,江晓平任董事长及法定代表人,郏根祥任总经理。

公司目前主要从事氧化物晶体(A-Z)系列材料研发生产、溅射靶材制备和材料实验室及电池研发全套设备。公司目前是 $MgAlO4$、$NdGaO3$、LSAT、3英寸 $LaAlO3$ 等晶体的世界唯一供应商。

(七)合肥美科氦业有限公司

美科氦业有限公司由等离子体所与 HTI-NUTECH INTERNATIONAL INC. 于1997年9月合资成立,注册资本108万美元,坐落于合肥市高新区,法定代表人、董事长为万元熙。2003年5月,法定代表人、董事长变更为李建刚。2015年2月法定代表人、董事长变更为吴新潮。2017年11月,公司总经理由吴新潮变更为卢浩。

公司目前主营液氦、氦气等特种气体,低温工程、低温装置测试、低温系统运行及真空低温绝热管的产品研制、开发及生产,超导磁体的维修、保修,部分医疗设备及耗材的代理。拥有众多从事低温研究、低温操作方面的专业技术人员,先后为GE、SIM等公司及医院的MIR提供液氦、充装服务和磁体维护相关业务。

(八)时代出版传媒股份有限公司

时代出版传媒股份有限公司成立于1999年12月,由中科大、等离子体所、智能所等单位投资的5家公司合并成立,注册资本5000万元,坐落于合肥市长江西路,并于2002年9月在上交所上市。2008年公司增发股份,安徽出版集团有限责任公司成为公司最大股东,公司名称由"科大创新"更名为"时代出版",

目前股本为50582.5296万股。

公司坚持传统出版和新兴出版融合发展战略，围绕数字教育、数字出版、数字生活、数字印刷，全力打造出版融合产业体系。公司先后荣获中国出版政府奖先进出版单位奖、世界媒体500强称号、中国上市公司综合实力100强称号、中国上市公司最具投资价值100强称号。

（九）武汉烯王生物工程有限公司

武汉烯王生物工程有限公司成立于1999年12月，坐落于武汉东湖新技术开发区，注册资本2000万元，2000年9月等离子体所以专利技术入股，易德伟担任公司法定代表人、董事长、总经理。2016年3月，总经理变更为王纪。

公司主要从事多不饱和脂肪酸的开发、生产及后续研发，拥有从发酵、干燥到提油、精炼的全套设备，具备年生产花生四烯酸（ARA）油脂100吨、花生四烯酸（ARA）粉剂200吨的生产能力。2004年，公司以主要资产和技术出资成立了子公司——嘉必优生物技术（武汉）股份有限公司，嘉必优于2019年12月在科创板上市。

（十）安徽英科智控股份有限公司

安徽英科智控股份有限公司成立于2000年12月，坐落在合肥市高新区，注册资本1713.625万元，方凯任法定代表人、董事长、总经理。

公司致力于制造DCDC电源、电动车辆牵引控制总成、工业车辆整车测试系统、仪表、控制器、加速器、电器盒等，年销售额近3000万元，被中国工程机械管理协会工业车辆分会评为"中国工业车辆优秀配套供应商"。公司是国家高新技术企业、合肥市创新型企业、优质小微企业、国家863计划产业化基地。

（十一）合肥科学岛控股有限公司

公司前身"合肥欧易高技术有限公司"由安光所于2001年10月成立，坐落于科学岛，法定代表人为王英俭，总经理为王安。2008年9月公司总经理变更为梅涛。2009年7月，公司更名为合肥中科研究院资产管理有限公司。2014年11月，法定代表人变更为高昌庆。2020年3月公司更名为合肥科学岛控股有限公司，设董事长，由江海河担任。目前公司注册资本4280万元。

公司主要业务为股权投资，投资管理，负责对合肥研究院直接投资的全资、控股、参股企业经营性国有资产行使出资人权利，并承担相应的保值增值责任。公司目前管理及受托管理的企业约80家。

（十二）无锡中科光电技术有限公司

无锡中科光电技术有限公司成立于2011年8月，落地于无锡市新区菱湖大道,由安光所刘文清院士团队技术入股发起成立,现注册资本2031.4194万元。2021年8月,公司董事长、法定代表人由王健变更为万学平,总经理一直由万学平担任。

公司是集大气环境高端监测仪器技术研究、产品开发、集成应用和空气质量改善综合服务于一体的国家高新技术企业,提供包括大气复合污染立体监测、灰霾监测等多项解决方案,以及气溶胶激光雷达、多轴被动差分吸收光谱仪、振荡天平颗粒物分析仪、黑碳仪、粒径谱仪、OC/EC分析仪、FTIR(车载、台式)等多项具有自主知识产权的设备。

(十三)中科院(合肥)技术创新工程院有限公司

中科院(合肥)技术创新工程院有限公司成立于2014年7月,坐落于合肥市高新区,由合肥研究院与合肥市人民政府共同以现金出资成立,目前注册资本26251.71万元。2015年3月,公司董事长、法定代表人由高同国变更为雍凤山;2020年4月,公司总经理由李季变更为吴仲城。

公司致力于科技企业孵化器建设与管理,是国家级科技企业孵化器、国家技术转移示范机构和国家双创示范基地双创服务平台,也是安徽省"系统推进全面创新改革试验"和"科技成果转移转化和新型研发机构建设"试点单位、安徽省级服务业集聚区、安徽省小微企业创业示范基地。公司参与投资企业接近60家。

(十四)中科新天地(合肥)环保科技有限公司

中科新天地(合肥)环保科技有限公司成立于2015年1月,坐落于合肥高新区技术产业开发区,由等离子体所倪国华团队技术入股发起成立,注册资本1399.4万元。钱黎明任公司法定代表人、董事长、总经理。

公司致力于挥发性有机物(VOCs)及大气污染综合治理及智慧环保先进技术研发、生产及工程化应用,业务范围涵盖治污、白色家电、焦化、橡胶、印刷、汽车等行业,目前年产值近1亿元。公司拥有知识产权85项,多项技术和产品评选为安徽省新产品,省首台(套),省节能环保"五个一百"新技术、新装备,现为国家级高新技术企业、合肥市优质小微企业。

(十五)合肥中科离子医学技术装备有限公司

合肥中科离子医学技术装备有限公司成立于2016年3月,坐落于合肥市高新区,注册资本40000万元,由等离子体所宋云涛团队技术入股发起成立,袁飞任法定代表人、董事长,陈永华任总经理。

公司主要从事质子治疗装备等高端医疗器械的研发和制造,致力于提供质子治疗建设及运行全周期解决方案。公司是国家高新技术企业,承担建设中国-俄罗斯超导质子"一带一路"联合实验室,牵头成立"一带一路"质子、超导及核能应用国际标准联盟,先后承担了十几项国家、省级重大科技专项,主持起草了多项国家标准,拥有近200项授权专利。

（十六）中科乐美科技集团有限公司

中科乐美科技集团有限公司成立于2016年7月,坐落于四川省峨眉山市,注册资本10970万元,由固体所田兴友团队技术入股发起成立,袁云任法定代表人、董事长、总经理,2020年6月公司董事长变更为王兵。

公司主要产品为系列水溶性高分子产品。产品和装备技术在西南片区污水处理企业、造纸企业、选矿企业、新农村建设实现了普遍推广。公司已获得20余项授权专利,承担了多个省级、市级等科技研发项目。

（十七）中科超精（南京）科技有限公司

中科超精（南京）科技有限公司成立于2016年11月,注册资本17828.6万元,由核安全所龙鹏程团队技术入股发起成立,初始注册地在合肥,后迁至南京市江北新区,胡丽琴任公司法定代表人、董事长、总经理。

公司主要从事肿瘤精准放射治疗技术与系统的创新研发、先进制造与软硬件整体解决方案。2021年,中科超精"麒麟刀"项目先后入选"江苏省重大项目（战略性新兴产业类）""南京市经济社会重大计划项目""南京市双百工程重点项目"等。公司研发的精准调强放射治疗计划系统（TPS）是首个通过国家创新医疗器械特别审批并获注册证的精准放疗计划系统。

（十八）合肥中科迪宏自动化有限公司

合肥中科迪宏自动化有限公司成立于2017年7月,坐落于合肥市高新区,注册资本1161.8584万元,智能所孙丙宇团队以技术增资入股,令狐彬任公司法定代表人、董事长、总经理。

公司致力于将现代化的人工智能（AI）技术融入智能制造,为3C、5G、半导体等行业提供深度学习开放平台、AI-视觉检测设备、AI-MES、AI-决策等先进工业AI产品及智能化解决方案。公司完全自主研发的TimesAI平台,构建了2D/3D视觉算法库、深度学习自训练平台、工业产品缺陷库、工业机械手通讯库,技术平台处于行业领先地位。

（十九）合肥中科环境监测技术国家工程实验室有限公司

合肥中科环境监测技术国家工程实验室有限公司成立于2018年7月,坐落于合肥市蜀山区经济开发区,由安光所赵南京团队技术入股发起成立,注册资本1亿元。2019年10月,公司董事长、法定代表人由高汛变更为吴海龙,总经理由万学平变更为吴海龙。2021年1月,总经理变更为吴卫林。2021年法定代表人、总经理变更为刘洋。

公司以环境监测高端装备产业化、提供环境综合性解决方案为业务方向,开发包括多波长拉曼激光雷达、臭氧激光雷达、便携式FTIR、ECOC、DOAS、水质藻类和生物毒性分析仪、土壤重金属监测仪等多个项目产品,研发大数据分析平台、车载导航分析平台等软件平台系统。

(二十)安徽中科拓苒药物科学研究有限公司

安徽中科拓苒药物科学研究有限公司成立于2019年7月,坐落于安徽省蚌埠市淮上区沫河口工业园,注册资本1791.75万元,由强磁场中心刘青松药学团队技术入股发起成立。王傲莉任公司法定代表人、董事长,王黎任总经理。

公司聚焦1类原创靶向药物研发,拥有药物合成、制剂分析、药理毒理学、临床医学等专业技术人员。公司拥有1500平方米的药物化学合成实验室,配备了完善的合成及检测仪器,拥有国内、国际发明专利(受理)15余项。

结　　语

　　从董铺岛到科学岛，半个多世纪过去，初心不忘、吹沙见金。她从文化、思想、知识、价值观等方面给予了我们很多回顾和思考。董铺岛成为今天的科学岛，经历了一次又一次的凤凰涅槃，浴火重生。

　　作为科学岛人，我们每个人都在以自己的方式做出贡献。这份贡献让科学岛更加有灵魂，更加有内涵，更加有情感。科学岛是我们抒写人生壮丽诗篇的战场，它给了我们价值，给了我们自豪，给了我们荣耀。

　　科学岛的发展离不开科学岛人的薪火相传，我们期望给后来者留下一份记忆，记录科学岛经历的那些年、那些人、那些事；记录那份情感、那份内涵、那份价值。

后 记

"科学岛记忆"系列图书的第一本：组织机构卷，是以档案文件为依据，进行深入探索、挖掘、凝练、组织，以期"聚档成书"的一个尝试，时间截至2021年11月12日。

在本书撰写过程中，编写团队在思路形成、内容考证、图片搜集、文件整理、人物信息等诸多环节都遇到了感到迷茫、苦恼、困难的问题。幸运的是，我们身处一个和谐友爱的科学岛，这些迷茫、苦恼、困难，都在同事们及时、主动、准确的帮助下，一一化解。这份帮助、这份鼓励不仅是我们克服困难的勇气，更是我们砥砺前行的动力！

在征求意见阶段，很多老领导、老专家，亲自指导，亲自来信、来电，提出很多具有建设性的指导意见，有力地推动了本书的出版！

向科学岛历代档案工作者致敬！你们的积累，客观记录了科学岛六十二年波澜壮阔的奋斗历史，是《科学岛记忆：组织机构卷》编辑成书的基础。

向成书过程中，给予热诚指导的科学岛各位领导、各位专家致敬！你们的帮助，尤其是你们给予的精神激励，让我们鼓足干劲，让《科学岛记忆：组织机构卷》瓜熟蒂落。

本书编写组

二〇二一年十一月